化学工业出版社"十四五"普通高等

# 建筑设计基础教程

殷青　周立军　|　主编

JIANZHU SHEJI
JICHU JIAOCHENG

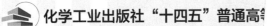

化学工业出版社

·北京·

## 内容简介

《建筑设计基础教程》对建筑设计入门知识进行了系统的阐述和分析，主要内容包括建筑基本概念阐释、建筑内部空间与外部环境设计、建筑设计基本方法、建筑设计表现的基本技法等。全书以建筑的概述作为开篇，加强学生对建筑基本认识的了解；使学生掌握建筑设计中最核心的元素——空间，了解建筑内部空间的基本概念与基本设计方法；了解建筑外环境设计的基本知识，体会环境在建筑设计中的重要作用；从建筑设计的基本特点与规律入手，初步掌握建筑设计的基本方法；了解建筑制图的基本规律，增强建筑的表现技能。本书主要章节配有编者相应的讲解视频，读者可以扫描书中相应的二维码查看。

《建筑设计基础教程》可作为高等院校建筑学、城乡规划、风景园林、室内设计相关专业师生的教材，也可供从事上述相关行业的管理人员和工程设计人员参考。

## 图书在版编目（CIP）数据

建筑设计基础教程 / 殷青，周立军主编 . —北京：化学工业出版社，2022.6
化学工业出版社"十四五"普通高等教育规划教材 . 建筑类
ISBN 978-7-122-40977-5

Ⅰ.①建… Ⅱ.①殷… ②周… Ⅲ.①建筑设计 - 高等学校 - 教材 Ⅳ.①TU2

中国版本图书馆 CIP 数据核字（2022）第 042019 号

----

责任编辑：尤彩霞
责任校对：赵懿桐
装帧设计：史利平

----

出版发行：化学工业出版社
　　　　　（北京市东城区青年湖南街13号　邮政编码100011）
印　　装：涿州市般润文化传播有限公司
787mm×1092mm　1/16　印张11½　字数275千字
2022年8月北京第1版第1次印刷

----

购书咨询：010-64518888
售后服务：010-64518899
网　　址：http://www.cip.com.cn
凡购买本书，如有缺损质量问题，本社销售中心负责调换。

----

定　　价：58.00元

# ARCHITECTURAL DESIGN

## 《建筑设计基础教程》

### 编写人员名单

主  编：殷  青  周立军

副主编：赵伟峰  卫大可  夏柏树  冯  珊

**全书编写人员**（按姓名汉语拼音排序）：

曹宇慧  崔馨心  冯  珊  刘  帆  朴宇涵

齐轩宁  邵滨荟  宋璠玙  王春兴  王赫智

卫大可  夏柏树  杨丽晓  殷  青  张  岩

张玉琪  赵伟峰  周立军

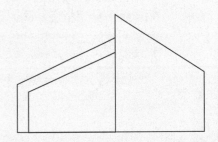

# 前言

　　建筑设计基础教育是建筑教育的重要组成部分，它涉及建筑创作的概念、原则和方法的启蒙教育，这些问题也是建筑教育的核心问题。随着时代的发展，建筑教育的传统模式已经不能适应新时期建筑专业人才培养的要求。以往过于注重模仿与表现技法的训练，以逼真再现为目标的教学思路与教学模式已经滞后，针对新的历史时期的建筑教育培养目标，我们对建筑设计基础教学方法进行了改革。如何在保证学生绘图基本功训练质量的基础上，更好地激发和培养学生的创造能力与创新意识，成为我们进行教学改革的基本目标。将传统的基本功训练融入以设计为主线的建筑设计基础教学中去，努力培养学生的创造性和创新性思维，成为改革的重点。

　　经过近几年的教学改革实践与探索，建筑设计基础教学课程设置的内容与过去相比，已经发生了很大的变化，以往过多的重复性训练已被舍弃，更重视建筑空间基础知识的学习，增加了创造性设计训练的成分，同时加大了模型制作的力度。《建筑设计基础教程》正是在此基础之上，针对新的建筑设计基础课程设置内容进行整理融合，并结合编者多年的教学经验编写而成的。本书的主要内容：以建筑的概述作为开篇，加强学生对建筑基本知识的了解；使学生掌握建筑设计中最核心的元素——空间，了解建筑内部空间的基本概念与基本设计方法；了解建筑外环境设计的基本知识，体会环境在建筑设计中的重要作用；了解建筑制图的基本规律，增强建筑的表现技能；从建筑设计的基本特点与规律进行阐述，使学生初步掌握建筑设计的基本手法。本书主要章节配有编者的讲解视频，读者可以扫描书中相应的二维码查看。

　　教学改革的道路任重而道远，《建筑设计基础教程》是对建筑设计基础课程改革的初步探索和过程性成果总结，其中未臻完善之处在所难免，敬请有关专家与同行给予批评指正。同时也希望使用本教材的教师与同学将使用过程中的问题和建议及时反馈给我们，以便于我们今后有针对性地进一步完善。

　　《建筑设计基础教程》在编写过程中，曾得到清华

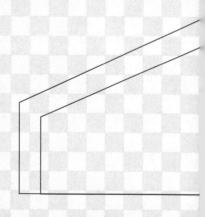

# ARCHITECTURAL
# DESIGN

大学、天津大学、同济大学、东南大学、华南理工大学、北京建筑大学、沈阳建筑大学等学校相关专业任课教师的支持；哈尔滨工业大学孙澄教授、邵郁教授等教师积极参与建筑设计基础的教学改革工作，并为本书的编写提出了许多宝贵的建议；沈阳建筑大学张伶伶教授给予本书多方面的关注和指导；同时得到了哈尔滨工业大学建筑学院王宇、贾梦宇等同志在资料汇集方面的热心帮助，在此一并表示衷心的感谢。

　　由于编者水平有限，书中不妥之处敬请读者批评指正。


编者

2022 年 5 月

# 目录

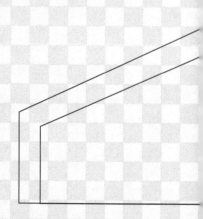

# ARCHITECTURAL DESIGN

## 第四章

**建筑设计方法**

**105**

# 第五章

## 建筑表现

**122**

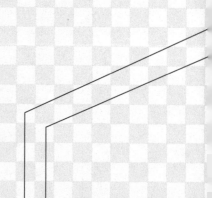

# 第一章

# 概述

建筑是人们生活中最熟识的一种存在，住宅、学校、商场、博物馆等是建筑，纪念碑、候车廊、标志物等也属于建筑的范畴。几乎任何时候，人们都在使用着建筑、谈论着建筑、体验着建筑。

## 第一节　建筑的定义

"建筑"的定义涵盖范围较广，总体上可以从三个方面来理解：第一个方面是指建筑物，即它的名词属性；第二个方面是指建设，即它的动词属性；第三个方面是指建筑学，即从职业学科的角度。通常在常见语境中提到的"建筑"一般是指建筑物，本书中对建筑的定义也是从建筑物的角度来入手。

从狭义上讲，建筑是一种提供室内空间的遮蔽物，是区别于暴露在自然日光、风霜雨雪下的室外空间的防护性构筑物，是人们用泥土、砖、瓦、石材、木材、钢筋混凝土等建筑材料构成的一种供人居住和使用的空间，如住宅、厂房、体育馆、窑洞、寺庙等。

从广义上讲，景观、园林也是建筑的一部分。

上面中提到的建筑物与构筑物是不同的。构筑物是指除了一般有明确定义的工业建筑、民用建筑和农业建筑等之外的，对主体建筑有辅助作用的，有一定功能性的结构建筑的统称。通常情况下，就是不具备、不包含或不提供人类居住功能的人工建筑物，一般是不适合人员直接居住的，比如水塔、水池、过滤池、澄清池、沼气池等。因此，可以简单地认为建筑就是建筑物，是能够提供居住生活环境的物质条件。

## 第二节　建筑的性质

建筑可以说是人们谈论最多和相处最多的环境。事实上，建筑为人所用，其不仅是一种物质性产品，同时也是一种精神性产品，是物质与精神的统一。建筑既有物质功能，又有精神功能，内涵十分丰富，其内涵系统构成建筑的基本属性，主要有以下几方面：

① 时空属性　建筑依实构虚，应时而存。

② 工程技术属性　建筑依技术而为，物质构成保障。

③ 艺术属性　建筑既为使用对象，又为审美对象。

④ 社会和文化属性　不同的民族审美各异，形成建筑形式和风格的差异，同时建筑又可以作为文化的载体，铭记历史。

因此建筑的性质本质上可以分为建筑的物质属性和精神属性，但仅仅如此概括又偏于笼统，因此本书中将其细分为4个属性进行介绍。

## 一、建筑的时空属性

建筑区别于其他艺术或学科的一个重要特点是，建筑的概念中既包括实，也包括虚。从空间构成来说，既涉及实体也涉及虚体，既涉及流动又涉及静止；从时间范畴来说，既涉及历史，也涉及现在，更涉及未来，即其涉及的是历史时间问题。建筑的时空属性包括两方面，时间属性和空间属性。区别于其他艺术或者学科，建筑是仅有的既包括时间也包括空间的学科。

### 1. 建筑的时间属性

建筑作为人类活动的载体，能量和物质的流动也应处于动态之中，随时间变化而变化。从某种意义上来说，建筑是一种动态的系统，其与所在地区之间的相互作用是动态和变化的。同样，建筑往往具有一定的应变性，以应对不断变化的影响建筑存在和发展的各种因素的改变，利用和发扬有利的因素，回避和遏制不利的因素，从而达到调节、适应和改善人类生存空间和环境的目的。

从时间的角度来看待建筑、思考建筑的属性，以及从建筑学的观点考察时间、认识时间的本质，建筑的时间属性最直观的体现是在建筑的各种现象之中，是我们能够感知到的因素。时间是万物存在的尺度，建筑中也存在着时间性。建筑的功能、空间、形态、意义等元素都具有时间性，因此建筑时间性通过在建筑的各构成要素中体现出来，建筑的功能、空间、形态和意义的时间性共同构成了建筑时间性结构。

① 建筑功能的时间性主要体现在功能的阶段性、周期性、时间凝结建筑和事件发生器之中，即建筑功能是不固定的，它随着使用主体和时间而变化；

② 建筑空间的时间性主要体现在空间演进性、时间序列的建筑、行进式体验建筑和动态空间的建筑之中，即建筑空间在时间视角中是多义的；

③ 建筑形态的时间性主要体现在物理时间刻度、自然时差建筑、时光载体建筑和建筑形态的历时性之中，即建筑形态随着时间的流逝和变化以不同的方式展现出来；

④ 建筑意义的时间性主要体现在建筑文本的共时性、建筑文脉的历时性和建筑意义的解释链之中，即解读建筑作品的意义会因人而异、因时而异，建筑作品的意义因而表现出与时间维度的关系（图1.1、图1.2）。

由此可知，建筑的功能、空间、形态和意义一同完整地阐释着建筑时间性的范畴和价值。

### 2. 建筑的空间属性

建筑的空间属性既是其所特有的属性，也是其所共有的属性，所有的建筑都有空间，无论其所处任何时代、地域或文化氛围中。建筑的空间属性主要分为两个方面，即物质属性和精神属性。

图 1.1 北京天坛
史建.图说中国建筑史 [M].杭州：浙江教育出版社.2001:129.

图 1.2 北京故宫
于倬云，楼庆西.中国美术全集 建筑美术篇 1 宫殿建筑 [M].北京：中国建筑工业出版社.1987:130.

（1）建筑空间属性的物质属性

建筑空间属性的物质属性主要有四个部分，即流动性、塑造性、识别性与安全性。

① 空间的流动性　是指建筑的空间应该是彼此流动而不是封闭的，通过对动态空间进行围合，打破固有的界限关系，能给居于其中的人们带来别样的感受。通过一些空间限定要素实现空间的围合，进而在空间与空间之间产生流动感，组合上进行横向或纵向的串联方式，使空间与人以多个维度进行最短、最直接的互动与交流。通过空间限定要素表现空间的流动性，能对人们在建筑空间中的各种活动进行很好的掌控（图 1.3）。

图 1.3　1929 年巴塞罗那博览会德国馆（Ludwing Mies Van der Rohe 设计）（周立军　摄）

② 空间的塑造性　是指建筑空间所表现的特有的一种气质和氛围。建筑空间本身塑造的一种情景，它有着特定的情绪和格调，例如宗教建筑往往表达一种崇高、宁静的气氛，宫殿建筑往往表达一种威严的气势。塑造性使得不同的空间根据其使用情况产生对应的空间氛围。

③ 空间的识别性　也是非常重要的空间属性。如今空间内容形式趋近于模糊化，这种模糊化让使用者易产生困惑，如建筑内部空间环境的相似性容易让人们无法辨识等。建筑空间过于复杂或过于相似都会产生识别性的问题，当然这种问题解决的方式也有很多。比如说在空间中给予一定的引导元素或通过空间限定要素增强空间的导向性等方式都能很好地解决识别性的问题。

④ 空间的安全性　是指使用者在空间中能够按照预期的目标发展，没有受到其他方面的干扰。安全性是人们使用空间的前提，是人们在空间中活动的最基本要求。通过对空间元素的限定处理来实现，给人明确的引导，增强空间的安全性。如在一些娱乐场所，人们往往只顾及玩耍而无视安全隐患，疏散通道常常被封死，甚至沿途的疏散通道都是在阴暗的环境中，一旦出现火灾后果将十分严重。理想的设计是建筑防火疏散通道应该设置明显的标志，能够很好地引导人流。

（2）建筑空间属性的精神属性

建筑空间属性的精神属性主要有两个部分，即私密性和领域性。

① 空间的私密性　空间的私密性与使用者在空间中的尺度和活动状态有着密切的联系。例如在商场中人的活动范围较大，具有较大的随机性与不定向性，因此其私密性较差；而在卧室中人的活动范围较小，空间的私密性较强。空间行为研究者阿尔托曼认为私密性是以动态和辩证的方式去理解环境与行为的关系，私密性是人们对空间感受一个很重要的方面。

私密性并不一定意味着只有自己独处，它是个人用以控制与何人互动，以及何时和如何发生互动的边界控制过程，如人们在属于自己的天地里进行活动同样有较强的私密性。人们主观上总是努力保持最优私密性水平，当个人所希望的需要与他人接触的程度和实际所达到的接触程度相匹配时，就达到了最优私密性水平。

人们的活动需要私密性的程度不同，它随着所处环境的不同要求也不同。如何才能创造出更好的私密性呢？主要还是通过对空间的划分围合成一个相对较封闭的空间，在空间的限定上给人们提供一些遮蔽物体，如通过篱笆、矮墙等元素对空间进行划分。中国北方四合院建筑就是对行为空间的私密性进行了很好划分的实例。其整体是一个封闭的大院子，对外界拒绝，空间内向，产生空间的私密性；前院主要负责处理一些外部事情，属于内外的交流和过度，它与内院之间也有一道门隔离；中间的大院则是主要的活动空间，也属于家庭的公共性空间，但对于外面来说又是私密性空间，因为有一个照壁这一界限的划分而遮挡视线；而后院围房则完全封闭隔绝，仅能从旁边很小的侧门进入，体现了很强的封建伦理道德观念（图 1.4）。

② 空间的领域性　空间的领域性本质上是使用者对空间的控制力，使用者对空间的控制力越强，使用频率越高，占用次数越多，其领域性越强。例如人们在公交车上都知道最前面的位置是属于司机，而没人会认为后面的某个座位属于固定的某个人；或是在图书馆或自习室中，人们习惯去固定的位置看书学习，如果位置被别人占据，打破了这种一时习惯性的领域性的话，会使人感到不快。

为了更好地建立空间的领域性，设计者应该通过对空间元素的限定来实现，通过对空间进行合理划分，明确其领域性，让人们建立一种责任感。

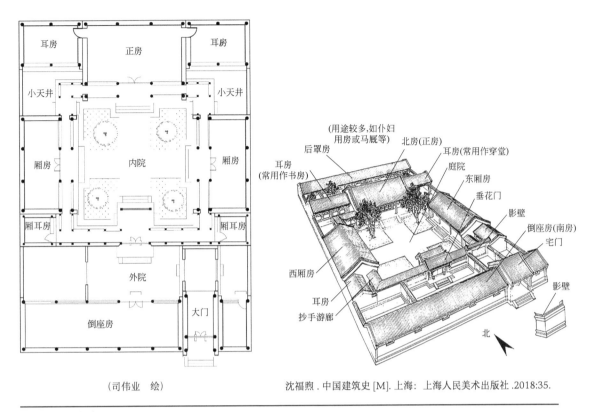

(司伟业　绘)

沈福煦.中国建筑史[M].上海：上海人民美术出版社.2018:35.

**图 1.4　四合院**

## 二、建筑的工程技术属性

### 1.建筑的技术性与社会生产力

任何建筑的建造都需要符合使用者的实际需求和工程建造的基本要求，即首先考虑工程技术性的要求。通俗地说，能建造出来的才是建筑，反之则为空中楼阁。建筑的工程技术与社会发展联系紧密，在社会生产力较低的古代社会中，公建和住宅的层数普遍较低。当然造成这种情况的原因不仅仅有当时社会生产力的原因，同时和选择的结构材料的特性也有一定的关系；而在社会生产力较高的现代社会中，公建和住宅的高度可以做到数百米高，远远超过了古代建筑的高度，即随着社会的发展，建筑工程技术的不断进步，建筑的工程技术性也越来越强，建筑构造也越来越复杂。

### 2.建筑的技术性与环境

从人类与自然、社会环境的关系上讲，建筑是一种中介，是建立人与自然、人与社会的复杂构成内容之间合宜关系的不可或缺的连接体。这里的环境，既包括自然环境，也包括社会环境。建筑的技术性与环境的关系在其不断的发展变化中不断地进行改变，而这种改变是往往既受社会环境的影响，也受自然环境的影响，这种影响最终也反映到建筑与人、人与环境的关系中。因此在考虑建筑的技术性与环境的关系的时候，应该注意到其本质是建筑与人和环境的共同关系。

从建筑技术性的发展历史来看，其与环境的关系发展经历了三个阶段。

第一阶段：适度地利用自然。这一阶段建筑技术性的发展处于初级阶段，主要是利用自然环境中的资源进行建造。这段时期建筑技术性的发展整体是较为缓慢的，尽管由于漫长时间的建筑营造导致了某些地区的自然资源出现了一定的匮乏，但平均到几千年的时间中，耗费的自然资源仍是相对较少，其影响整体上不是很严重。这段时间中建筑技术适应和改造自然的能力是低下的，人的主观能动作用的发挥是非常有限的。为此，建筑仅仅担负起了屏蔽自然的介质作用，反映到建筑的技术性上就是适度地在现有的技术条件下利用现有的自然资源进行建造。

第二阶段：过度地利用自然。这一阶段建筑的技术性随着社会科技的进步得到了飞跃式的发展。人类在几千年的实践的基础上，对建筑的技术、构造等都积累了较为丰富与系统的规律性的认识。尤其是进入工业社会以来，科学技术的迅猛发展促进了建筑技术的发展，建筑规模不断扩大，建造技术不断更新，耗费的自然资源不断地增加。建筑大量地向自然索取土地、森林和能源等，同时其运行所产生的垃圾和废物又反过来严重污染着人类赖以生存的环境。因此概括地讲，这一时期建筑对环境造成了很大的影响，反映到建筑的技术性上就是为了满足其建造要求，在非常短的时间内耗费了过多的自然资源，对环境造成了严重的威胁和破坏，是一种过度利用自然的表现。

第三阶段：有意识地控制自然。在建造过程中过度地利用自然，对环境造成了破坏，人类随之有意识地去修复、去控制建筑与环境的关系。从建筑的技术性的角度而言，即探索对环境资源耗费更少、污染更小、更环保的技术进行建造，力求减少对环境造成的破坏。在这一探索期中，主要分为两种方式：一是对传统建筑技术的再利用，二是采用绿色新技术来迎合人们对美好环境的需求。本书就这两种方式各举一例分别说明。

（1）传统建筑技术的再利用

1998 年获得阿卡汗建筑奖的印度建筑师查尔斯·柯里亚（Charles Correa）从民间建筑和建造技术中吸取精华，"他将艺术性和人性融入了他的建筑中，作品高度体现了当地历史文脉和文化环境。大尺度的几何形体与大量地方材料的结合使公众感到亲切的同时得到鼓励，其作品不炫耀财富和权力，而是展示普通的情感以及对人的关心和对生活的热爱。"（国际建筑协会评语）。

查尔斯·柯里亚非常珍视传统建筑技术的真实魅力，在仔细推敲传统技术与自然环境之间的内在逻辑之后，将传统应对自然气候的朴素建筑技术提炼升华，从中得到典型化的技术手段，这些手段为他带来极具地方特色的地域建筑形态。比如他最大特点的技术手段是引导空气流动，向天井敞开，"管式空间"是他从印度古老的寺庙建筑中分析得来的，查尔斯·柯里亚将这种引导空气流动的技术手段更加准确和高效率地发挥作用，并将其更加合理化，与现代居住建筑使用空间巧妙吻合，从而塑造了其本土建筑文化形象（图 1.5）。

（2）绿色新技术的应用

德国柏林议会大厦扩建过程中（图 1.6），设计师在保持原有建筑的外形基础上，在中庭上方加建一个玻璃采光顶，形成新的议会大厅。设计方案的创意并不仅仅反映在其尊重

**图 1.5** 查尔斯·柯里亚设计的管式住宅剖面图（傅珏杰 绘）

历史环境的外部形象上，生态建筑的内涵使其成为环境、技术、艺术高度统一的杰出建筑。德国柏林议会大厦的生态设计体现在以下几点：

① 自然光的利用 议会大厅的照明主要是利用自然光，通过玻璃顶的透射和倒锥体的反射，将天光反射到下面的议会大厅。

（西班牙）帕高·阿森西奥．生态建筑 [M]．侯正华，宋晔皓，译．南京：江苏科学技术出版社．2012:94.

（李辰 摄）

**图 1.6** 柏林议会大厦扩建

② 自然通风 改建后的议会大厦要求尽量利用自然风、回风、小压差送风，因此其通风系统实现了空气的自然循环。侧墙的窗户采用双层设计，外层为层压玻璃，内侧则由隔热玻璃制成，结合内外层之间的遮阳装置，可以有效屏蔽热辐射和减少热损失。

③ 地下蓄水层的利用 议会大厦地下有深、浅两个蓄水层，深层蓄热，浅层蓄冷。设计中建立了夏季与浅层的热交换，冬季与深层的热交换，形成了自然的冷热交换器，实现了积极的生态平衡。

在建筑的技术性与环境的关系中，人们逐渐意识到不能一味地只是单纯地利用技术与环境，彼此之间的关系更应该去维持、去控制，只有这样才能保持环境的健康发展，这也给未来的建筑技术性的发展指明了一条道路，即建筑的技术性要走可持续发展的道路。

## 三、建筑的艺术属性

建筑可以说是人们生活中不可避免的艺术，建筑不仅散布在大地上，而且往往还要存在很长的一段时间。人们不但常常看到建筑，甚至当人们在使用建筑、仔细地体会和品味身边的建筑时，会发现建筑物质形态背后丰富的艺术内涵。人类从原始的穴居、巢居以来，伴随着作为遮蔽物的功用属性，建筑的审美属性也随之产生，并作为一种艺术开始生根发芽。

### 1. 建筑是艺术的创作

建筑几乎都具有实用功能，并通过一定的技术手段创造出来，但几千年的建筑发展史却表明，艺术和审美的表达有时会成为建筑的主体内容，甚至部分超出了功能和技术的控制，成了建筑的中心（图 1.7～图 1.9）。

图 1.7　鸟巢（高艳丽　摄）　　　　　　　图 1.8　悉尼歌剧院（周立军　摄）

英文的建筑——Architecture 本意即为"巨大的艺术"，因此可以说建筑从其起源时就具有了艺术特征。古典艺术家历来把建筑列入艺术部类的首位，将建筑、绘画、雕塑合称为三大空间艺术，它们和音乐、电影、文学等其他艺术部类有着共同的特征：有鲜明的艺术形象，有强烈的艺术感染力，有不容忽视的审美价值，有民族的、时代的风格流派，有按艺术规律进行的创作方法等。建筑是最大的艺术，为了提供空间以供使用，建筑往往体量很大，但是大小却并不仅是建筑习惯上的属性，而且还是建筑艺术某些乐趣的根源。

广义上讲，建筑即是建筑艺术，二者是等同的概念，正如绘画即绘画艺术，雕塑即雕塑艺术一样。因此可以说，无论是庄严的教堂、纪念碑，文化性的博物馆、艺术中心，还是朴素的住宅、厂房等，任何形式的建筑都是艺术的创造，都含有艺术的成分，都与社会的意识形态、大众的审美选择相联系，只是表现的形式与感染力程度不同而已。

建筑艺术通过形体与空间的塑造，从而获得一定的艺术氛围，或庄严、或幽暗、或明朗、或沉闷、或神秘、或亲切、或宁静、或活跃等，例如霍尔（Steven Holl）的建筑可看作建筑与光影的合舞（图 1.10），扎哈·哈迪德（Zaha Hadid）的建筑好像流动的火焰

（图 1.11），王澍的建筑就好似一幅中国传统山水画，又好似一个园林（图 1.12），这就是建筑艺术的感染力。

图 1.9　洛杉矶迪士尼音乐厅（周立军　摄）

图 1.10　雷德楼的"光通道"（司伟业　绘）

图 1.11　北京望京 SOHO（周立军　摄）

图 1.12　杭州象山校区

刘彤 . 论"在地性"建筑与其营造手法——以王澍作品中国美院象山校区为例 [J]. 美与时代（城市版），2019（05）:8-9.

## 2. 建筑具有客观的形式美规律

建筑是一种空间艺术，它的表现手段无法摆脱点、线、面、体等基本形式和材、质、色的表达，同时又会受到实用功能和技术、经济的约束。客观的内涵和表现形式决定了建筑艺术具有客观的形式美规律，具有相对独立的原理和法则，概括而言就是多样统一，涉及整体与局部、节奏与韵律、对比与和谐、比例与尺度、对称与均衡，以及主从、虚实等客观规律（图 1.13）。形式美的规律与法则具有一定时期的稳定性和合理性，是与客观的社会存在、意识形态相依存的，是不断向前发展的，是不存在永恒的形式美的。这种形式美的规律不受时代、民族、地域的限制，例如文艺复兴时期的圣彼得大教堂（图 1.14），20世纪的萨伏伊别墅（图 1.15），今天的北京 T3 航站楼（图 1.16），虽然都是由不同的民族建于不同的时代、不同的地域的建筑，但都有着巨大的影响力。

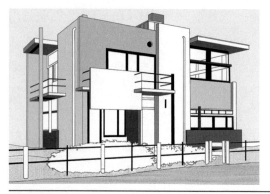

图 1.13 荷兰施罗德住宅（司伟业 绘）

图 1.14 梵蒂冈圣彼得大教堂（周立军 摄）

图 1.15 巴黎萨伏伊别墅（朱道远 摄）

图 1.16 北京 T3 航站楼（周立军 摄）

### 3. 建筑受社会审美意识的制约

　　建筑的艺术，与其他艺术形式一样，有相似的艺术生命规律。一栋建筑不仅仅是建筑师创造的孤立物品，而且还凝聚体现着建筑师的个人综合素养以及建筑师复杂的自然观、社会观，因此可以说建筑总会或多或少地显现着社会意识形态的影子。同时建筑作为一种实用艺术，其艺术的生命力还要在漫长的使用、欣赏和时间检验的过程中完成。社会培育了建筑师，建筑师根据具体的任务和条件创造了建筑，建筑为大众和社会服务以实现其生命价值，因此可以说，建筑艺术的产生和存在是社会、个体建筑师和大众共同作用的结果。佛光寺大殿（图 1.17）与科隆大教堂（图 1.18）同属宗教建筑，但由于所处的社会审美不同，有着截然不同的建筑形态与内部空间氛围。前者为木构架建筑，强调横向，体现唐代风格的大气恢宏；后者主体为石材，强调纵向，体现神秘的宗教氛围。

　　建筑艺术包含物质功能性与审美功能性两个方面，这两个方面联系紧密，常常彼此包含，因此建筑的艺术的审美属性具有实用性和强制性的特征。

　　所谓实用性，即是说，建筑的目的首先是为了"用"，而不是为了"看"。即使是纪念碑、陵墓也要考虑举行纪念仪式时人流活动的具体要求。其他各类艺术，美可以是唯一目的或主要目的，而建筑却必须和实用联系在一起。建筑的实用性特点，影响着人们的审美观。即是说，建筑物对人类生活的功能好坏，往往决定着人们观感的美与丑，因而建筑的审美意义，有赖于实用意义。建筑的实用性是艺术性的基础，而艺术性中也常常包含着实用性。

强制性是指，没有一个人能离开建筑，建筑的审美是带"强制性"的。人们日常生活中可以不听音乐，不看戏剧，不欣赏画展，不读小说，但却不可能不住住宅，不可能对矗立在自己眼前的建筑视而不见。因为它是物质存在，是实实在在的东西。不管人们自觉还是不自觉，有兴趣还是无兴趣，都会经常面临着各种类型、不同形式的建筑物，这些建筑都会"逼迫"人们提出自己的审美评价。

图 1.17　山西五台山佛光寺大殿（王春波　摄）

图 1.18　德国科隆大教堂（周朵丽　摄）

## 4. 建筑富含理性的成分

建筑是一种艺术，但建筑不同于文学、绘画和音乐等，建筑的艺术在表达创作者的主观思想意识的同时，不能完全变为作者的主观的、自我的宣泄，而必须受功能、技术、经济等客观条件的限制，甚至部分建筑的功能、技术也会成为建筑艺术表现的核心内容（图 1.19）。画家作画的时候大都希望自己的作品能成为艺术，建筑师创作的时候同样如此，但多数建筑常常会泯然于众，只有那些经典、有一定价值的建筑才能成为艺术。因此对于建筑来说，理性是其不可缺少的一部分。建筑只有站在工程、物理、机械、政策、经济、工艺的肩头上，才能成为艺术。

图 1.19　伦敦市政厅（周立军　摄）

一座建筑的完成，仅仅依赖于艺术的创造是不可行的，甚至是危险的。尽管有时艺术的主观成了先入为主的表达，但建筑必须追求功能、技术、艺术相统一的原则要求，因此艺术不会成为建筑中孤立的构成。脱离功能、技术、环境的特定要求，建筑艺术的存在是不真实的。建筑是理性与艺术的结合，真的有价值的是其实用性，华丽的光芒却是从感官借来的。

## 5.建筑的艺术形象是正面抽象的

建筑的艺术在空间里塑造的永远是正面的抽象的形象。

说建筑是正面的，是因为建筑所反映的社会生活只能为一般的，而不可能出现如悲剧式的、颓废式的、讽刺式的、伤感式的、漫画式的形象。就建筑形象本身而言，也分不出什么进步的或落后的。例如万里长城本来是民族交往的障碍，是刀光剑影的战争产物，现在却成了全体中华民族的骄傲，是闻名世界的游览胜地。

同时，建筑塑造的正面形象又是抽象的，是由几何形的线、面、体组成的一种物质实体，是通过空间组合、色彩、质感、体形、尺度、比例等建筑艺术语言造成的一种意境与气氛，或庄严，或活泼，或华美，或朴实，或凝重，或轻快，引起人们的共鸣与联想。人们很难具体描述一个建筑形象的具体情节内容。建筑所表现的时代的、民族的精神也是不明确、不具体的，是空泛的、朦胧的。它不可能也不必要像绘画、雕塑那样细腻地描摹，再现现实；更不能像小说、戏剧、电影那样表达复杂的思想内容，反映广阔的生活图景。正因如此，建筑的艺术常用象征、隐喻、模拟等艺术手法塑造形象。例如巴黎明星广场上的凯旋门，建造的初衷，是象征拿破仑一世军威、强权、傲世的特点。古希腊曾有人认为人体各部分都体现着理想的美，故而早在公元前 6 世纪，古希腊多立克柱式建筑就以粗壮狂放的线条，形象地模拟了男子挺拔雄健的体形特征（图 1.20）；而爱奥尼柱式建筑则以柔和精细的线条，形象地模拟了女子娴雅柔美的体形特征（图 1.21）。

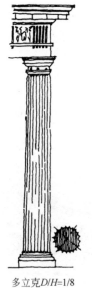

多立克 D/H=1/8

图 1.20　多立克柱

爱奥尼克 D/H=1/9

图 1.21　爱奥尼柱

图 1.20、图 1.21 引自罗文媛.建筑设计初步 [M].北京：清华大学出版社.2005.45.

建筑的艺术属性作为建筑的精神属性的重要体现，有三个层级。

第一层级与物质性和物质条件紧密相关，前者体现为建筑的功能美——安全感与舒适感，是"美"与物质性"善"的统一；后者体现为材料美、结构美、施工工艺的美和环境美，是"美"与物质性"真"的统一。

第二个层级与物质性因素相距稍远，是在达到上一个层级的建筑美的基础上，进一步运用主从、比例、尺度、对称、均衡、对比、对位、节奏、韵律、虚实、明暗、质感、色彩、光影和装饰等"形式美法则"，对建筑进行的一种纯形式的加工，它造成既多样又统一的完美构图，并取得某种风格。

上述两个层级的艺术品位较低，大致与一般物质产品如交通工具、生活用品、产品设计所具有的美相当，重在令人悦目的"美观"，属于实用美学或技术美学范畴，一般只应以"建筑美""形式美"或"广义建筑艺术"来定位。大量的、一般的、以解决实用目的为主的建筑大多都属此类。

建筑的艺术属性中最后一个层级品位最高，其离物质性因素最远，已属于狭义的"真正的"艺术即"纯艺术"的范畴，其要义不仅在于悦目，更在于赏心，它创造出某种情绪氛围，富有表情和感染力，可以陶冶和震撼人的心灵，其价值并不在其他纯艺术之下，甚至远远超过其他纯艺术。这类建筑包括国家性、文化性、标志性的大型公共建筑或纪念性、旅游性的建筑，保存至今的传统建筑如宫殿、园林、教堂和寺庙、陵墓等大多也属此类。

## 四、建筑的社会和文化属性

### 1. 建筑的时代性

建筑与人类的生活息息相关，建筑的产生、发展、变化与人类的发展史紧密联系在一起，随着人类的出现而出现，随着人类的进步而不断完善、提高。因此，可以说，建筑是人类文明的铭刻，是一部石头或木材铸成的史书。可以说每个时代有每个时代的建筑，时代的痕迹在建筑上的体现非常明显。这种体现主要有两个方面：一是建筑反映着社会的历史和主题，二是建筑反映着人们的生活方式。

（1）建筑反映着社会的历史和主题

法国作家雨果在《巴黎圣母院》中写道：最伟大的建筑大半是社会的产物而不是个人的产物，它们是民族的宝藏、世纪的积累，是人类社会才华的不断升华所留下的积淀……，它们是一种岩层，每个时代的浪潮都给它们增添冲击土，每一代人都在这座纪念性建筑上铺上他们自己的一层土，每个人都在它上面放上自己的一块石。从建筑的诞生至今，建筑一直是人类的巨著，是人类各种力量或才能的发展的主要表现。

（2）建筑反映着人们的生活方式

建筑与人的行为方式相对应，有什么样的生活就有什么样的建筑，反之亦然。在古代，人们的生活方式整体相对固定单调，封建社会更强调皇权主义和官僚主义，因此较为华丽的建筑也大多集中在封建时代的建筑类型中，民居住宅等相对而言则单调呆板；在现代社会中，人们的生活方式得到极大的解放，生活方式更加多样精彩，行为的不确定性也随着时代的发展越来越明显，因此反映到建筑上就是出现了类型丰富多样、形态各异、空间的开放性和包容性都显著增强的多种多样的建筑。随着现代互联网的普及与发展，建筑与互联网、建筑与智能化（图1.22）、建筑与其他学科的联系也越来越紧密。这些学科对建筑的设计、施工等都产生了不同程度的影响。因此建筑具有深刻的时代性，反映着整个社会发展，是社会的一面镜子。

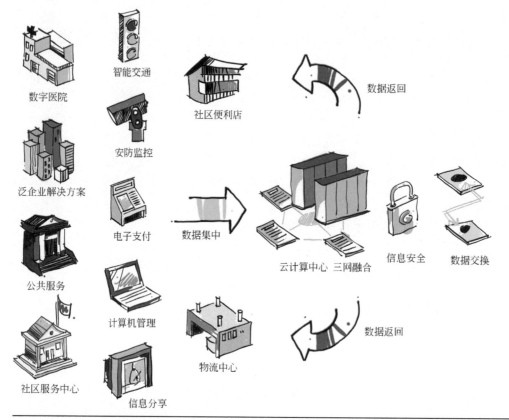

数字医院

智能交通

社区便利店

数据返回

安防监控

泛企业解决方案

电子支付

数据集中

云计算中心 三网融合

信息安全

数据交换

公共服务

计算机管理

社区服务中心

物流中心

数据返回

信息分享

**图1.22** 建筑与智能化（傅珏杰 绘）

## 2. 建筑的民族与地域性

世界建筑艺术风格随着各地区人类社会的发展在不断改变，其中很多地区都产生了许多有代表性的建筑，这些建筑的风格无一不突出地反映了建筑所处的民族和地域特点，本书以欧洲和中国的某些建筑为例进行说明。

在欧洲建筑中，古希腊建筑亲切明快，反映了奴隶制城邦社会民主、开朗的生活，中世纪哥特风格的教堂建筑有着高耸的塔尖、超人的尺度和光怪的装饰（图1.23），既显示了教会的极端权力又展示了市民力量的勃兴，也反映了当时欧洲大陆的社会矛盾。古罗马建筑雄伟、豪华的风格（图1.24），反映了奴隶主穷兵黩武、骄奢淫逸的生活。17世纪的法国古典主义建筑以古罗马的列柱和拱门为形式特征，在这种形式的固定框架里，用一套数学和几何的方法进行构图设计，它排除一切地方、民族的特点，甚至无视不同类型建筑的不同功能要求，强制推行千篇

**图1.23** 哥特式教堂（周立军 摄）

一律所谓"范式"的风格，这一股潮流也从建筑这个侧面反映出了法国路易十四统治时期，鼓吹"朕即国家"的绝对君权思想（图1.25）。

在中国建筑中，宫殿的布局随着朝代的变更不断改变，从曹魏邺城的东西堂制（图1.26）到明清的三朝五门（图1.27），布局的变更代表着皇权的不断加重。中国古代城市的规模和布局、各类建筑的体量和式样，大都方整划一，主从分明，轴线贯通，层次井然，并且千百年来保持了统一的风格，基本上没有发生重大的变化，这是世界建筑史上罕见的现象。这种现象深刻地反映了中国封建社会的基本特点——国家统一，皇权至上，等级森严，典章完备，生产和生活变化的幅度不大，思想意识的传统性很强。

总之，建筑不是孤立的创造，是一定历史时期，特定的社会群体，在当时的社会意识形态的作用下，在社会经济技术发展水平的制约下出现的。

图1.24　罗马万神庙（周立军　摄）

图1.25　法国巴黎凡尔赛宫（周立军　摄）

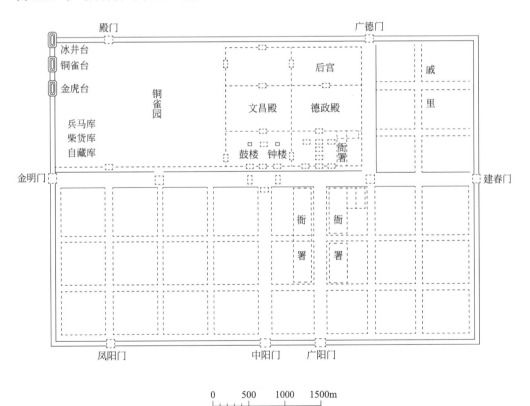

图1.26　曹魏邺城平面图

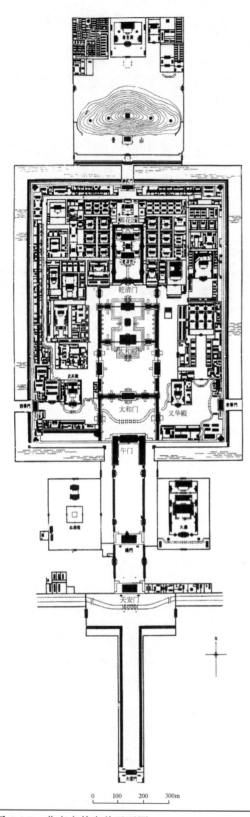

景 山

御花园

坤宁宫

乾清门

太和殿

武英殿

西华门                     东华门

太和门        文华殿

午门

社稷坛                     太庙

端门

天安门

大清门

0    100    200    300m

**图 1.27** 北京市故宫总平面图

# 第三节 建筑的基本要素

人们对建筑有功能和使用方面的要求，同时又有精神和审美方面的要求，这两个方面的要求都要以必要的物质技术手段来达到。概括地说，即"两个目的，一个手段"。构成建筑的三要素分别是建筑功能、物质技术条件和建筑形象，三个要素彼此之间是辩证统一的关系。建筑功能是主导因素，它对物质技术条件和建筑形象起决定作用；物质技术条件是建造房屋的手段，它对功能又起促进和约束的作用；建筑形象是功能和物质技术条件的反映，在相同的功能和物质技术条件下，如果能充分发挥设计者的主观作用，可以创造出不同的建筑形象，达到不同的美学效果。

## 一、建筑功能

### 1. 建筑具有实用性

建筑作为包容人类生活和文化的容器，虽然随物质文明、社会进化以及精神、文化要求而世代更新，却一直脱离不开所谓"实用"的范围。建筑功能是建筑的第一基本要素。建筑功能是人们建造房屋的具体目的和使用要求的综合体现，人们建造房屋主要是满足生产、生活的需要，同时也充分考虑整个社会的其他需求。任何建筑都有其使用功能，但由于各类建筑的具体目的和使用要求不尽相同，因此就产生了不同类型的建筑。如工厂是为满足工业生产的需要，住宅是为满足人们居住的需要，娱乐场所是为丰富人们的文化、精神生活的需要。

建筑功能在建筑中起决定性的作用，直接影响建筑的结构形式、平面布局和组合、建筑体型、建筑立面以及形象等。建筑功能也不是一成不变的，它随着社会的发展和人们物质文化水平的不断提高而变化。

### 2. 建筑具有服务性

建筑学服务的对象，不仅是自然的人，也是社会的人；不仅要满足人们物质上的要求，而且还要满足人们精神上的要求。建筑功能不能脱离开一定的社会条件，要具备合理性。例如，在北京菊儿胡同的改造设计中，吴良镛参照了老北京四合院的格局，又吸收了公寓式住宅楼的私密性的优点，整个布局错落有致。在设计中采用了带有典型的民族风格和历史韵味的建筑符号与构件，使居民环境注入新生活的气息，包含了传统的历史文脉和多彩的文化内涵（图1.28）。新四合院创造性地继承了北京特有的四合院形式和胡

**图1.28** 北京菊儿胡同（彭飞 摄）

同体系，成功地满足了人们现代生活方式的需要。把需要具有民族特点的宜人的邻里环境有机地结合起来，寻到了一种解决问题的方法和途径，同时在旧城改造中对解决如何保护

旧城风貌问题也有了新的突破。这个案例就是充分考虑建筑功能的合理性后做出的选择，并最终广受好评。

在考虑建筑的功能时一是要满足人体活动所需的空间尺度，我们应该先讨论人的比例，因为从人体可以得到一切的尺度及其单位。在人体活动尺度要求中，需要充分考虑使用者的年龄、活动特性以及内部空间的特性等诸多问题。人使用建筑物，建筑物一定会和人的身体直接接触，如楼梯级深、门把手高度、浴盆高度以及其他林林总总建筑里的物品，都和人体活动尺度有关。安乐与广阔的感觉直接来自空间与人体活动尺度大小的关系。

二是要满足人的生理要求，即要求建筑应具有良好的通风、采光、保温、防潮、隔声和防水等性能，它们都是满足人们生产和生活所必需的条件，为人们创造出舒适的生活环境。

三是满足不同建筑使用特点的要求，即不同性质的建筑物在使用上又有不同的特点。影剧院、音乐厅、火车站、医院、住宅等都有各自的特点，本书中不一一列举各种类型建筑的使用特点的要求，这里仅作为了解。

## 二、物质技术条件

建筑的物质技术条件是建造建筑物的手段。物质技术条件一般包括建筑材料、建筑结构、建筑施工和建筑设备等方面的内容。随着材料技术的不断发展，各种新型材料不断涌现，为建造各种不同结构形式的房屋提供了物质保障；随着建筑结构计算理论的发展和计算机辅助设计的应用，建筑结构技术不断革新，为房屋建造提供了安全性保障；各种高性能的建筑施工机械、新的施工技术和工艺提供了技术保护手段；建筑设备的发展为建筑满足各种使用要求创造了条件。

随着建筑技术的不断发展，高强度建筑材料的产生、结构设计理论的成熟和更新、设计手段的更新、建筑内部垂直交通设备的应用，有效地促进了建筑朝大空间、大高度、新结构形式的方向发展。

就物质技术而言，建筑师总是在可行的建筑技术条件下进行艺术创作的，因为建筑艺术创作不可能超越技术上的可能性和技术经济的合理性。古埃及的金字塔如果没有几何知识、测量知识和运输巨石的技术手段，是无法建成的。人们总是利用当时可以利用的物质技术来创造建筑艺术文化。

现代科学技术的发展，建筑材料、施工设备、结构技术等方面的进步使得人类得以将建筑向高空、地下、海洋等发展，为建筑的艺术创作开辟了广阔的天地。纵观近百年建筑的发展进程，由蒸汽时代到电气时代再到信息时代，不难看出每一个科技的进步，都将促进新的建筑科技的进步。

## 1. 建筑材料

建筑材料，顾名思义，即是在建筑工程中所应用的各种材料。大致可以分为无机材料、有机材料和复合材料三大类。这些材料往往具有不同的物理力学性能、稳定性和耐久性、外观特性和污染性，建筑师就是运用这些不同特性的建筑材料进行建筑构造设计。

在古代，建筑材料和气候的地区差异性是不同地区形成不同建筑文化的一个重要的物质因素和环境因素。中国古代中原地区地处温带季风性气候区，境内有大量的木材，因此建筑多以木结构为主；古希腊地区多山，盛产大理石而缺乏足够的木材，因此其建筑多以石材为主；而两河流域的古巴比伦地区木材和石材相对匮乏，因此建筑多以黏土建造。

工业革命后，建筑材料的大规模工业化生产，钢材、水泥、玻璃等的广泛应用，交通运输技术的进步，是现代建筑产生和发展的物质生产因素。人们在逐渐使用这些满足其实用性的建筑材料后，也发现了某些材料对人的精神和感官的影响和刺激。在 20 世纪初，混凝土因其力学性能而被广泛地应用于建筑领域；到 20 世纪中叶，建筑师们逐渐把目光从混凝土作为结构材料的具体利用转移到材料本身所拥有的柔软感、刚硬感、温暖感和冷漠感等对人的不同的感官刺激上，开始用混凝土作为结构材料所拥有的与生俱来的装饰性特征来表达建筑的情感。绚烂之极后会归于平淡，最高级的审美就是自然美。"大巧若拙"也是这个道理，最质朴的往往是最美的。而清水混凝土是混凝土材料中最高级的表达形式，素面朝天的美是最真实的美。在这一领域，日本的安藤忠雄无疑是其中的大师级人物，他诸多作品都完美地运用了清水混凝土的特性，塑造出了静谧而丰富的东方韵味（图 1.29）。正如现代主义建筑师路易斯·沙利文（Louis Sullivan）认为，建筑师的工作是"让建筑材料活起来，用思想、情感赋予它们活泼的生命，以主观意愿改变他们"。所有建筑材料都有特定的温感范围，有些材料就是比其他材料吸引人。

图 1.29　住吉的长屋（于戈　摄）

## 2. 建筑结构

建筑结构是指在房屋建筑中，由各种构件（屋架、梁、板、柱等）组成的能够承受各种作用的体系。所谓作用是指能够引起体系产生内力和变形的各种因素，如荷载、地震、温度变化以及基础沉降等因素。物质技术条件中最重要的是建筑结构技术，建筑如果没有结构就如同人体没有骨架。

在建筑物中，建筑结构的任务主要体现在以下三个方面。

（1）服务于空间应用和美观要求

建筑物是人类社会生活必要的物质条件，是社会生活中人为的物质环境，建筑结构成为一个空间的组织者，如各类房间、门厅、楼梯、过道等。同时建筑物不仅要反映人类的物质需要，还要表现人类的精神需求，而各类建筑物都要用结构来实现。可见，建筑结构服务于人类对空间的应用和美观要求是其存在的根本目的。

（2）抵御自然界或人为荷载作用

建筑物要承受自然界或人为施加的各种荷载或作用，建筑结构就是这些荷载或作用的支承者，它要确保建筑物在这些作用力的施加下不破坏、不倒塌，并且要使建筑物持久地保持良好的使用状态。可见，建筑结构作为荷载或作用的支承者，是其存在的根本原因，也是其最核心的任务。

（3）充分发挥建筑材料的作用

建筑结构的物质基础是建筑材料，结构是由各种材料组成的，如用钢材做成的结构称

图 1.30　央视大楼（苏瑞琪　摄）

为钢结构，用钢筋和混凝土做成的结构称为钢筋混凝土结构，用砖（或砌块）和砂浆做成的结构称为砌体结构。

建筑结构技术的发展缓慢而坚实，人类从利用天然的洞穴、开始搭建建筑（庇护体）到学会石块的垒砌、砖块的烧制，就经过了上万年的漫长历史。至今仍存在的著名遗迹就有中国长城、埃及金字塔、雅典卫城、罗马斗兽场等，这些古建筑充分表明人类建筑结构技术曾经取得的辉煌成就。

在早期工业化时期，新出现的社会体制极大地改变了原有的社会生产方式，新结构和新的构造做法，在一定程度上也促进了建筑和建筑形式的变革。20 世纪以来，人们将建筑工程结构上升为工程科学，在设计上充分发挥材料的特性，把一些受弯构件变成受拉或受压构件，从而出现大跨度的空间形式，不但改变了过去的建筑形象，其内部功能也发生了革命性的改变（图 1.30）。

## 3. 建筑施工

建筑施工是人们利用各种建筑材料、机械设备按照特定的设计蓝图在一定的空间、时间内进行的为建造各式各样的建筑产品而进行的生产活动。它包括从施工准备、破土动工到工程竣工验收的全部生产过程。在现阶段的建筑施工中，装配化、机械化和工厂化都能提高建筑的施工速度，当然这些都是以设计的定型化为前提。

随着人类施工技术的不断进步，建筑的高度在不断地提升。在 20 世纪 70 年代，人类已经能建设超过 110 层、高443m 的超高层建筑，而 21 世纪 20 多年来，超高层建筑的高度记录更是不断刷新，现在在建的世界最高建筑——沙特的王国大厦高度达 1007m，已建成的最高建筑为阿联酋的哈利法塔，高度为 828m（图 1.31）。世界十大超高层建筑中，中国有六座，超过了半数。

在现在的施工技术中，大模板、滑模、密肋模壳等现浇与预制等方法越来越成熟，大跨度结构也已形成网架、网壳、悬索、薄膜等多种施工成套技术，同时针对不同条件采用高空散装法、高空滑移法、整体吊装法、整体提升法、整体顶升法、分段吊装法、活动模架法、预制拼装法等诸多施工方法。这些施工技术、施工方法的不断出现与成熟，使得人类能以较高的质量、较快的速度不断兴建新的建筑，同时人类也在不断探寻更好的施工技术和施工方法。

图 1.31　哈利法塔（周朵丽　摄）

## 三、建筑形象

建筑是凝固的音乐，同时建筑也是一种静的艺术，它的美学规律基本上与工艺相同。

建筑形象是建筑内、外感观的具体体现，必须符合美学的一般规律，优美的艺术形象给人以精神上的享受，它包含建筑形体、空间、线条、色彩、质感、细部的处理及刻画等方面。由于时代、民族、地域、文化、风土人情的不同，人们对建筑形象的理解各有不同，出现了不同风格和特色的建筑，甚至不同使用要求的建筑已形成其固有的风格。如执法机构所在的建筑多庄严雄伟、学校建筑多是朴素大方、居住建筑一般要求简洁明快、娱乐性建筑一般更生动活泼等。

由于永久性建筑的使用年限较长，同时也是构成城市景观的主体，因此成功的建筑形象应当是反映时代特征、反映民族特点、反映地方特色、反映文化色彩，应有一定的文化底蕴，并与周围的建筑和环境有机融合与协调，能经受时间的考验。

建筑形象包括其外部形象与内部形象，即建筑外部的形体和内部空间的组合，包括表面的色彩和质感，包括建筑各部分的装修处理等的综合艺术效果。建筑形象能给人以巨大的感染力，给人以精神上的满足与享受，如亲切与庄严、朴素与华贵、秀丽与宏伟等，所以建筑形象并不是可有可无的内容。建筑形象常常与建筑性质、地区特点以及民族文化等密切相关。

## 1. 建筑的外部形象

建筑的外部形象从整体来说，是构成建筑外表各个要素的统称（图 1.32）。通常来说，建筑立面和建筑造型共同构成建筑的外部形象。建筑立面从其构成要素上看，一般由墙面、屋顶、门、窗、台阶和一些装饰线脚组成。从材质上看，有常规的混凝土墙面，也有由大片的玻璃幕组成的墙面，也有现在较为少见的砖墙，一些建筑由于特殊要求，也会采用木质的墙面。从色彩上看，有采用材质本身颜色的，如木材的棕色，清水混凝土的灰色，也有在外墙面上刷不同颜色涂料的。

**图 1.32** 建筑的外部形象（周立军　摄）

而从平面形式上看，有常规的平面形式，也有高科技的曲面形式；有折面的，也有弧形的。

建筑造型，广义上指建筑造型的整个过程及各个方面，包括功能、经济、技术、美学等；狭义上指构成建筑外部形态的美学形式，是被人直观感知的建筑空间的物化形式。建筑造型元素包括建筑入口、墙体、门窗、屋顶、转角、阳台、柱廊等部件。对建筑造型的分析，从整体形象的高度上有低层、多层、中高层、高层和超高层之分。也就是说，有低矮的建筑形象和高大的形象的区别。从总平面的形状来看，有矩形的、圆形的，也有曲线形、U 形、L 形、回字形的，等等，整体形状不一而足。

## 2. 建筑的内部形象

建筑的内部形象一般泛指建筑的内部空间及内部的装修布置。一个建筑内部形象的好坏取决于很多方面，包括建筑空间的形式、内部装修、家具布置等。建筑不只是让人们感知的物体，建筑也是人们感知其他物体的舞台。大空间，无论室内或室外，能让人们远距离看人，小空间则促使人们亲近，垂直的空间让人们可以由上向下看人，坡道及楼梯让人

**图 1.33** 建筑的内部形象（周立军 摄）

们在画面的对角方向移动。建筑是一个可感知的物体，是其他可触、可知实体的舞台，更是人们自己行游的场所，建筑同时也是人们掌握无形信息的媒介（图 1.33）。

提到建筑形象就不可避免地提到建筑审美和建筑艺术，建筑艺术主要通过视觉给人以美的享受，这与其他视觉艺术有相似之处。建筑可以像音乐那样唤起人们的某种情感，例如创造出庄严、雄伟、幽暗、明朗的气氛，使人产生崇敬、自豪、压抑、欢快等情绪。汉初萧何主持营造未央宫时曾说："天子以四海为家，非壮丽无以重威"，可以说明建筑能塑造出庄严、雄伟的氛围。歌德将建筑比喻成"凝固的音乐"也是这个意思。

但建筑又不同于其他一般艺术门类，它需要大量的财富和技术条件、大量的劳动力和集体智慧才能体现。建筑的物质表现规模之大，是任何其他艺术门类所难以企及的。宏伟的建筑建成不易，因此其保留时间也相对较长。由于建筑形象常常通过建筑环境的布局、建筑群体的组合、建筑立面的造型、平面布置、空间组织和内外装饰以及建筑材料所表现出来的色彩、质地、肌理、光影等多方面的处理，形成一种综合的效果，还往往需要运用诸如绘画、雕刻、工艺美术和园林艺术等其他学科的知识来创造室内外环境，因此可以说整个建筑形象的建造是一项多学科合作的集大成之作。

建筑形象的表现手段主要有空间、几何元素、色彩质感和光影四个方面。其中空间是建筑所特有的，是区别于其他造型艺术的最大特点。和建筑空间相对的是它的实体存在所表现出来的几何元素如点、线、面，这里的点、线、面可以是形成的视觉效果，也可以是具体的构件元素。建筑通过各种实际的材料表现出它们不同的色彩和质感，而且与其他艺术不同的是，这种感觉往往不是单一的感受，而是多种感受的集合，比如触觉和视觉，或是空间感等。建筑的光线和阴影同样能加强其形体的凹凸起伏的感觉，增强其艺术表现力。

# ARCHITECTURAL
## 第二章
### DESIGN

# 建筑空间

　　伴随着人类文明的进步，人们总是不断地进行着有目的的征服自然、改造自然的活动，以满足不断提高的物质和精神生活需要。其中，建筑的建造一直是人类生产、生活活动的主要目标之一。原始人为了挡风遮雨、防暑避寒、抵御野兽侵袭，需要有一个赖以栖身的场所，他们便使用树枝、茅草和泥巴等材料搭起简陋的窝棚，这就是建筑的起源。自古至今，建筑的形式一直在不断演变，建筑的类型越来越丰富，建筑的建造技术手段也越来越高超。但无论是古代的宫殿、庙宇，还是今天的学校、医院、办公楼、住宅、商场、展览馆，人类之所以要花费大量的人力物力来从事建筑活动，归根结底就是为了创造可以容纳某种特定人类活动的场所——空间，也就是说，获得可以利用的空间一直是建造建筑的最根本目的，这一点有史以来从未改变过。

## 第一节　空间在建筑中的意义

　　意大利建筑师皮埃尔·奈尔维（Pier Luigi Nervi，1891—1979）曾说过："建筑是一个技术与艺术的综合体"，这说明建筑有从属于艺术的一面。而艺术除了建筑这个门类之外，还有其他门类，如绘画、雕塑、音乐、诗歌、戏剧、电影等。每种艺术门类能够独立存在，说明它们都拥有区别于其他艺术的本质特征。例如，绘画是一种用线条和色彩来表达的平面艺术；雕塑是一种立体造型艺术；音乐是一种声音的艺术；诗歌是一种语言文字艺术；戏剧是一种舞台表演艺术；电影是一种综合利用影像和声音进行时空再现的艺术。对于建筑来说，它与所有其他艺术区别开来的特征，就在于它具有将人包围在内的三维空间。绘画所使用的是二维平面语汇，尽管所表现的也可能是三维景象，但它是用二维的手段来表现三维景象。雕塑是三维立体的，但对于绝大多数雕塑来说人们都无法进入其内部，并且雕塑是与人分离的，人是从雕塑外面来观看它的，而建筑则像一座巨大的空心雕塑，人可以进入其中，并在行进中来感受它的效果。

　　人们观看建筑首先看到的是建筑的外部形象，是用砖、石、混凝土等建筑材料搭建起来的实体体量，而空间本身是非物质的，是虚无的，人们不可能直接看到空间。但我们应该认识到，人们之所以用实体材料建造建筑，根本目的并不是要获得一个雕塑般的形象，而是要利用实体材料限定出可为人所用的建筑空间。我国古代哲学家老子曾有这样一段话："埏埴以为器，当其无，有器之用。凿户牖以为室，当其无，有室之用……"，意思是说不论是容器还是房子，具有使用价值的是空间部分，而不是限定空间的实体。这段话精辟地阐明了空间是建筑的"主角"。

## 第二节　空间的定义

相对于广义的空间定义，所谓的建筑空间，是指人们为了满足生产或生活的需要，运用各种建筑主要元素与形式所构成的内部空间与外部空间的统称。它包括墙、地面、屋顶、门窗等围成建筑的内部空间，以及建筑物与周围环境中的树木、山峦、水面、街道、广场等形成建筑的外部空间。

### 1. 建筑空间

建筑空间是一种非物质要素，是人们在无限的自然环境中用物质包围起来的人工环境，人们在建筑空间中主要通过视觉感受空间的性质。住宅的卧室、学校的教室、医院的病房、办公楼的办公室、体育馆中的比赛厅……这些人工环境都是以可以满足一定人类需求的空间形式出现的。一个房间就如同由墙面、顶棚、地面等实体形成的盒子，实体是房间的"外壳"，它所装的内容则是内部空间。空间具有大小、形状、比例和开敞程度等基本属性，这些属性决定着空间的性质。

界面作为围合空间的要素，在建筑中普遍存在。空间的大小、形状、比例关系都是由实体界面的相对位置来决定的。空间的开敞程度也主要是由实体界面对空间的围合程度决定的。界面总是依附于某种具有一定体积、一定重量、一定强度和材质等物理指标的物质实体。因而在设计过程中，对界面的处理又总与实体要素联系在一起。如何利用实体的体积、质感、色彩、亮度等特征来对其限定的空间环境产生影响，就成为建筑设计的重要内容之一。另外，界面作为空间外在形式，它将人们抽象的设计意义转化为具体形象，反映于设计者的设计意象之中，成为一种既有符号与象征意义，又有物质功能的媒体，使它所围合的空间环境具有了特定意义，强化了空间环境气氛，从而把对建筑空间的研究引入到艺术和心理学领域。

### 2. 空间表现

在形式上空间表现为一种三维存在，需要人在连续的运动中去进行历时性体验。空间感是建筑的基本特性，从一幢单体建筑内部的房间到城市的街道、广场、里弄、公园、游乐场，凡是经过人为围合和限定的空的部分，就是一个被包括起来的空间。每一个房间都可以从长、宽、高三个方向上来量度，也就是说，建筑空间在客观上是以三维立体的形式存在的。建筑师对空间进行设计构思时，也应该从三维立体的角度思考，来设想建筑的空间效果。

当人们设计房屋时，通常提供以平面、立面、剖面为主的三视图。换句话说，要把限定和分隔建筑空间的各个垂直和水平面，如地面、顶棚、内外墙等分别加以表现。由于平面、立面、剖面三视图具有可量度、且可按比例缩放的特点，能够满足施工定位的需要，因此，平、立、剖面图成为目前建筑设计图纸的最主要组成部分。建筑的平面，是所有墙壁在一个水平面上的一种虚拟的投影图，建筑的立面和剖面同样也是建筑在其他角度的投影表达，其实质是用二维表达三维，用平面表达立体的一种手段。

建筑艺术并不在于形成空间的长、宽、高的尺寸，而在于被围起来供人们生活和活动的空间本身，也就是说，获得空间是建筑设计的真正目的，而平、立、剖面图是目前人们已掌握的最理想的建筑表达方法。只要对建筑加以研究就会发现，即使一张平面图的构图很美，即使一张平面图看起来很匀称，各部分之间的比例也很好，但有可能建筑本身的空间效果会很糟糕。例如，对于某个空间效果十分完美的建筑来说，如果把整个建筑按比例缩小一半，其平面构图并没发生任何改变，但可以想象建筑的真实空间效果就会大受影响，甚至根本无法使用。建筑空间是一种任何形式的表现方法都不可能完美表达的空间形式，它只能通过进入其中直接体验才能领会和感受。只重视平面构图，而忽视空间想象，认为平面图形美就等于空间效果好，正是造成这种错误的原因。所以，领会空间并切身感受空间，就成了认识建筑的关键问题，这也正是建筑本身的特点。

人置身于建筑内部，主要依靠视觉看到空间的形状与各个围合界面，并借助于界面上的色彩、质感、图案等特征来感受空间的性质，人对空间的感受主要是一个视觉问题。考虑视觉问题时，就必须涉及观察者的视角、视高、视距以及光线这几种因素。显然，人在建筑中的观察视角不同于看平面图纸，观察到的影像总是呈现出透视感，并且随着视高和视距的变化，墙壁、顶棚、地面等空间围合面在视网膜上成像的面积比例和成像范围也不断发生变化。空间中光线的强弱和质量又决定着观察者视觉影像的清晰程度和显色性。这些都是人们感受空间效果的决定性因素。除视觉方面外，空间中声音、温湿度、空气质量等其他物理指标也会对人的空间感受产生影响。

历时性是建筑空间的最基本特征之一。人在建筑空间中并不是静止不动的，往往要按照某种先后顺序对空间进行观察，观察者的这种在时间上延续的位移，使空间体验又具有了历时性。随着时间概念的引入，建筑空间就仿佛拥有了四个向度，有人把时间命名为"第四度空间"。对于建筑来说，从原始人搭建的窝棚到现代化的住宅，从古代的宫殿到今天的学校、工厂、办公楼，没有一个建筑不需要历时体验。同时，我们还应认识到，人在建筑空间内部行走，从连续的各个视点观察建筑，可以说是人本身造成了时空变化，是观察者本人赋予建筑空间的历时性，这一点是与观察其他三维物体不同的。在实际应用中，处理好两个空间之间以及多个空间之间的组合关系，是解决空间历时体验问题、创造良好空间感受的关键，这方面内容将在本章第三节中详细阐述。

## 3. 空间的本质

空间在本质上表现为一种使用功能，同时也要满足人的精神和审美方面的要求，这是建筑的关键所在。所谓的建筑功能，是指建筑具体目的和使用要求。人们建造房屋都是有一定目的的，用各种物质材料并按照一定的工程建造方法把这些材料搭建在一起形成了建筑，但物质材料的搭建只是达到目的的手段，而获得一定功能的使用空间才是建造建筑的真正目的。从古至今，建筑的式样和类型各不相同，建筑空间的形式也发生了很大变化，造成这些情况的原因尽管是多方面的，但是一个不可否认的事实是功能对建筑空间和建筑形式的影响一直起着重要的作用。

随着社会的发展出现了许多不同的建筑类型，各类建筑由于功能要求千差万别，使得建筑在形式上也各不相同。但总的来说，建筑的实体是以空间的外壳形式存在的，外部形体是内部空间的反映，因此创造出满足一定使用功能的空间是建筑形式变化的根本原因。

（1）建筑空间必须具有合理性

单个房间是组成建筑的最基本单位，房间的大小、形状、比例关系以及门窗的位置，都必须满足一定的功能要求。正是由于使用功能不同，使每个房间保持着各自独特的形式，与其他的房间产生区别。例如居室不同于教室、办公室不同于商场、体育馆不同于影剧院……这个道理很容易让人理解。然而就一幢完整的建筑来讲，单个房间功能合理并不等于整幢建筑的功能就合理，建筑本身是一个严谨的系统，各个房间必须按照一定的秩序关系组织在一起，不同功能的房间之间的联系，房间与交通空间的联系，都会关系到建筑的使用功能是否合理。例如学校、办公楼、医院病房楼等建筑，一般都用一条公共走廊把两侧的房间连接在一起；展览馆、火车站的候车厅等往往用连续、穿套的形式来组织空间，才能符合功能要求；而对于影剧院、体育馆等建筑来说，需要在观众厅和比赛厅周围布置休息室、卫生间、小卖部等其他附属房间。这些都说明一定的使用功能要求有一定的空间组织方式与之相适应。

（2）建筑空间必须满足一定的精神需求

建筑具有艺术性的一面，这已成为人们对建筑的普遍认识。英国建筑历史学家B.阿尔索普（Bruce Allsopp）曾经说过："当一个穴居人，为了更舒服而在洞口挂上几张皮子的时候，或当牧民用柱子支起兽皮搭帐篷的时候，'建筑'并没有开始。'建筑'不始于第一个用木棍和泥巴或树枝和茅草搭起的小屋，或堆起石头用草泥作顶。这些东西比起燕子窝或海狸穴来，并不更加'建筑'。当人类第一次用平面板搭祭坛或立起石台时，'建筑'也并没有开始。但是，当人类第一次将自己与他的建筑视为一体并引以为豪时，'建筑'才真正开始。所以，我们将从建筑史中排除那些仅仅是'房子'的房子。在'房子'与'建筑'之间必须有区别。'建筑'是一门艺术，因而它在某些方面是人类或建造者的表现"。由于人不同于一般的动物，具有思维和精神活动能力，因而供人居住和使用的建筑，除了要满足一定的使用功能外，还要同时满足人们精神和审美方面的要求。从这种意义上讲，房间只有在能满足人们一定的精神需求并具有一定美感时，才能被称作建筑的空间。

人类的精神需求主要包括基础性心理需求和高级心理需求两大类。

① 基础性心理需求　基础性心理需求也可以说是生理、心理性的需求，如一间房间的窗户开得较高，由于房间内外视觉信息的传递被阻断，房间里的人就会产生闭塞感。这时只要相应降低窗高问题就会得到解决；再如，对于一般的居室来说，层高常常定在2.6～3.0m之间，这样的高度可以让人觉得较为舒适，然而如果把一个可容纳数百人同时进餐的大餐厅的层高也定为3.0m，可以想象尽管不会影响餐厅的功能，但置身于其中的人们必定会感到空间压抑而心情不佳。这就是人们的基础性心理需求在建筑空间中的作用。

② 高级心理需求　高级心理需求涉及人的许多与观念形态相关的内容，以及人的许多与社会形态相关的内容。对应到建筑空间中，主要反映在安全感、私密性、人际交往、展示性、纪念性等方面，最终达到陶冶心灵的目的。

a.安全感需求　安全感是建筑首先要考虑的问题。它并不仅仅要求建筑要具有结构安全性，同时还要把人的心理感受因素考虑在内。例如目前世界上出现了许多超高建筑，有的已达到了几百米高。在风力的作用下，超高层建筑的塔楼会产生周期性侧向摆动，如果不加以控制，塔楼顶部侧移距离可以达到2～3m，一般来说这样的摆动不会对建筑的结构安全造成危害，但考虑到人们的心理承受能力，设计超高层建筑时常常要采取一定措施，把塔楼的侧向摆动距离控制在较小范围之内，并减缓摆动周期，尽量让人感受不到建筑在摆动。例如台北101大厦总高度508m，总层数达到101层，在建筑的第88～92层设置重达 680t 的球形风阻尼器，使建筑的侧向摆动得到极大削弱，以避免风力带来的结构晃动引起使用者不适（图 2-1）。

**图 2.1** 台北 101 大厦
王佳怡. 摩天楼顶部公共空间设计初探 [D]. 北京：清华大学，2014.

b. 私密性需求　卧室如果不关房门，住在其中的人会整夜不得安卧，总是担心什么时候会有人进来。这当然也可以说是一种安全需求，但就其性质而言已经提高到私密性的层次上了。人们生活中的许多内容都有私密性要求，希望有只属于自己而不被别人打扰的场所，建筑师在设计建筑时应注意满足人的这种心理需求。

c. 人际交往需求　人一方面有私密性的心理需求，同时人又是社会的人，也有人际交往的心理需求。美国当代著名建筑师约翰·波特曼（John Portman，1924—2017）提出了"共享空间（Shared Space）""人看人"等概念，就体现了人际交往的心理需
计的几个大型旅馆，如旧金山的海特摄政旅馆、亚特兰大桃树广场旅馆（图 2.2）、洛杉矶波拿文彻旅馆（图 2.3）、ShareCuse 共享办公空间等建筑的中庭，都给人创造了这种交往的条件。人际交往的需求不外乎有三点：一是人与人相互来往，这是最基本的，要做到这一点，各个单元空间必须是相互开放的，而且可以互相走来走去，但又各自有一个空间范围；二是人与人应是互相平等尊重的，要求各单元空间没有显示出高低贵贱之分的感觉；三是人与人之间互相学习和模仿，不带任何强制性，希望空间既分又合，而不是全部敞开，只有一个大而空的空间。

d. 展示性需求　就博览建筑、商业建筑来说，突出建筑空间的展示能力已成为建筑设计的重点。对于现代一些新建的博物馆、美术馆，吸引参观者注目的不仅仅是其中的展品，而且还由于这些建
筑往往具有很高艺术品位，能给人深刻的印象和美好的空间感受，
在参观者看来，建筑本身就是一件巨大的艺术品。例如，建筑师丹尼尔·里伯斯金（Daniel Libeskind）设计的英国曼彻斯特帝国战争博物馆，建筑无论从空中、地面、近处，还是远处，都给人以强烈的视觉冲击，让博物馆不再是内部展品展览的代言词，而是更多通过建筑自身的设计给人以一种身历其境的震撼和感受，建筑本身就是一件巨大的艺术品。正如丹尼尔·里伯斯金所说，他总是将建筑想成某种文本，是要去读的。这就是帝国战争博物馆最动人之处（图 2.4）。

图 2.2　亚特兰大桃树广场旅馆（Robert Neff　摄）　图 2.3　洛杉矶波拿文彻旅馆（Dennis O'Kane　摄）

图 2.4　曼彻斯特帝国战争博物馆

图 2.5　曼彻斯特帝国战争博物馆室内

e. 纪念性需求　纪念性建筑是一种严肃的，带有尊敬和怀念之情的场所。纪念性的心理需求，也是一种古老的心理活动，自古以来一直存在。典型的纪念性建筑是纪念碑和纪念馆，它所纪念的对象是人或历史事件。纪念性建筑有两个最主要的特征：一是庄重，二是纪念感情的表达。所以多呈现或高耸挺拔或端庄稳重的外部体量，让人产生尊重和敬仰之情。在内部空间的处理方面，也往往在结合建筑造型的基础上，多选用完整且巨大高耸的空间，并调动色彩、光、音响等一切可以调动的空间处理手段，创造出具有某种特殊意境的建筑空间，强化建筑的纪念性效果。例如英国曼彻斯特帝国战争博物馆室内，通过灯光的设计和组织，为战争博物馆这一重视精神功能的建筑创造了强烈的建筑氛围（图 2.5）。

f. 陶冶心灵　陶冶心灵是最高的心理需求，它是不和功利联系在一起的美，是纯粹的形式美。有人说，所谓艺术，它的最高目的不是人际交往，不是展示作用，也不是纪念性，而是审美，纯粹给人以美的享受。如果我们把建筑看作为一门艺术，那么创造可为人们带来美感的建筑空间并达到陶冶心灵的目的，就是这门艺术的核心内容，也是建筑艺术所追求的最高目标。中国的古典园林建筑就是这方面的典型代表。苏州的古典园林闻名世界，在国内外都享有很高的声誉。如拙政园、留园、网师园、狮子林等，它们的空间安排和谐得体，建筑与环境高度统一，达到了"虽由人作，宛若天成"的境界（图2.6、图2.7）。

图 2.6　网师园

图 2.7　狮子林

# 第三节　空间的分类

　　建筑空间有内、外之分，一般认为位于建筑内部，全部由建筑物本身所形成的空间为内部空间。对一幢普通的建筑来说，建筑里的各个房间、走廊、门厅、楼梯间、电梯厅、卫生间等都是内部空间。相对于内部空间，人们把位于室外由建筑物和它周围的东西围合成的空间称为外部空间。例如建筑的庭院、花园，城市的街道、广场、公园等都是外部空间，外部空间也可称为城市空间。

　　然而，在特定条件下，室内外空间的界线似乎又不是很清晰。例如四面开敞的亭子、透空的廊子、屋檐所覆盖的空间等，究竟是内部空间还是外部空间呢？似乎不能用简单的方法给予明确肯定的回答。为了解决这一问题，在一般情况下人们常常以有无屋顶当作区分内、外空间的标志。

　　内部空间是人们为了某种使用目的，用一定的物质材料和技术手段从自然空间中围隔出来的，它和人的关系最密切，对人的影响也最大。对内部空间的研究可以从两个大的方面着手，即单一空间问题和多空间的组合问题。下面分别介绍单一空间和组合空间。

## 一、单一空间

　　单一空间是构成建筑的最基本单位，任何复杂的建筑空间都可以分解为单一空间，对任何复杂空间的分析，都要从单一空间要素的分析入手。房间是组成建筑的细胞，是最典型的单一空间，研究建筑也要从一个房间所包容的空间开始。

　　每个房间都是由墙体、顶棚和地面限定后形成的，没有限定就不能出现特定的房间。空间始于限定，单一空间是由垂直向度的限定要素（墙体）和水平向度的限定要素（顶棚和地面），通过一定方式围合出来的。各单一空间具有不同的空间形式，总的来说表现在空间形状、比例和尺度以及围合的程度三个方面，这三个方面的变化引起空间性质的变化。

另外，空间是由实体限定出来的，空间本身是非物质的、虚无的，空间之所以能被感知，主要是由于人们看到限定空间的实体界面后间接得到的。所以研究空间不仅要从这些客观存在的属性入手，还要从主观感受的角度来分析。界面上的色彩、质感、图案等，都直接决定着人们对空间的感受效果，同时空间中的光线、声音、温湿度以及空气质量等物理指标也会对人们的空间感受产生一定影响。

## 1. 空间的限定要素

建筑之所以得以存在，是实体部分与空间部分统一的结果，人们建造建筑的主要目的就是获得建筑中可以利用的空间。人们使用建筑虽然只用它的空间部分，实体部分只是空间的外壳，但如果没有这个"实"的外壳，"空"的部分也就不复存在了。因此，建筑中空间和实体是一对相互统一、不可分割的整体，研究建筑也要把空间和实体结合在一起来进行（图2.8、图2.9）

**图2.8** 内部空间（台湾桃园多功能展演中心）　　**图2.9** 外部形象（台湾桃园多功能展演中心）

空间的限定由实体要素完成，人们对空间的感知是看到实体形成的空间界面后间接得到的。例如，用墙和柱等垂直向度的实体构件，把所需要的空间围起来构成房间，这种空间的限定方式可以称为围合。又如用屋顶、楼板等水平构件，支撑在所需要的空间之上，其下部就成了一个建筑空间，例如房子入口的雨篷、园林中的亭子等，这种空间的限定称为"覆盖"。可以看出，任何一个建筑空间都是由垂直向度和水平向度的构件通过"围合"和"覆盖"两种方式限定出来的。另外，一个房间中的家具、绿化、工艺品等室内陈设的摆放方式也会对空间产生限定作用。空间的限定要素主要分为三类：垂直限定要素、水平限定要素、室内陈设。

（1）垂直限定要素（墙、柱）

① 墙

墙面作为空间的侧界面，是以垂直面的形式出现的，由于其能对人的视线产生完全遮挡，因而对于限定空间起着至关重要的作用。门窗洞口的布置，墙面上的比例划分，材料色彩和质感的选择等，一起决定着它们所限定空间的特征，也决定了该空间与周围环境相互联系的程度。

对于墙面的处理，最重要的问题是如何组织门和窗。门、窗为虚，墙面为实，门窗洞口的组织实质上就是处理墙面的虚实关系，虚实对比是墙面处理成败的关键。要做到虚实相间，有主有次，尽量避免在一面墙上虚实各半。除此之外，借助于门窗洞口的重复及交错排列，可以产生韵律美，这也是墙面处理的常用手法。

墙面处理还要注意整体的比例关系，如把门和窗洞口纳入墙面的整体划分体系中去，可以形成整体感，也有助于建立起一种秩序。一般的做法是在高宽比较小的墙面上进行竖向的洞口布置及线条划分，在高宽比较大的墙面上进行横向的洞口布置及线条划分，这样做可以有效地调整墙面的视觉比例。此外，墙面的色彩和质感也会对围合的空间效果产生显著的影响。

墙面上洞口的位置、比例划分、色彩、质感等还应正确反映出空间的尺度感，以符合所围合空间的性质。如在居住建筑中空间一般较小，门和窗的尺寸也相对较小，而在会堂、办公楼等公共建筑中，由于空间较大，门窗的尺寸也相对较大。在一个特定的空间中，过大或过小的尺度处理，会给人造成视错觉，并歪曲空间的性质。

另外，在一个空间中不能孤立地处理某一面墙，要把相邻的墙面作为一个统一的整体一起加以考虑，并要处理好两面墙之间、墙面与顶棚、墙面与地面之间的衔接与过渡（图 2.10）。

**图 2.10** 日本京都龙安寺墙及隔断对空间的限定

② 柱

与墙面相比，柱子是一种较为灵活的限定要素。在建筑中柱子的出现一般是出于结构受力方面的考虑，同时一列柱子或柱子与墙、屋顶等构件相互配合，也能起到限定空间的作用。柱子是一种透过性的限定，一种弱化的限定。虽然柱子不像墙面那样完全遮挡人的视线形成对空间的围合，但列柱和柱廊可以依靠其位置关系使人产生视觉张力，形成一种虚拟的空间界面，既限定出空间，又保持了视觉及空间的连续性。显然，列柱的柱距愈近，柱身愈粗，其性质愈接近于墙，对空间产生的围合感也愈强烈。从这个意义上而言，可以把墙面形成的空间边界称为"实界面"，把列柱或柱廊形成的空间边界称为"虚界面"。

在一个单一空间中，如果设置了一排列柱，就会无形地把原来的空间划分成两部分，若设置双排列柱，则会把原来的空间划分成三部分，这时就要处理好空间的主从关系问题。以单排列柱划分空间为例，如果设置在大厅正中，则会把原来的空间均等地划分为两个部分，这样就失去了主从差异，此时若能按功能需要将列柱偏于一侧，就会使主体空间更加突出，空间效果要好得多。

设置双排列柱的空间可以出现三种分隔可能：一是把原来空间分成三等分；二是两边大而中间小；三是中间大两边小。第一种情况虽然建筑结构较为规整，但由于其主从关系不明确，往往只用于对整体感要求不高的空间划分中，如工业厂房、商场等。在第二种情况中，由于中跨空间较小，在实际应用中这部分空间往往以走廊等交通空间的形式出现。第三种情况使分隔出的空间主从分明，空间的整体感好，所以在许多建筑中都可以看到这种分隔方式。

除了列柱之外，在空间中的一根或一组柱子也可以起到限定空间的作用。一根柱子无法单独界定空间，它要借助周围的墙体或屋顶等其他建筑构件共同完成对空间的划分，例如在一个长方形的房间中，位于房间中部的柱子要与两侧的墙形成"虚界面"，这样房间才被分隔成两部分。空间中的一组柱子可以依靠柱子间的相对位置限定出一个小空间，如呈矩形矗立的四根柱子可以在房间中限定出一个小的立方体空间。许多建筑的大厅都采用了这种处理方式。用柱子划分空间，也同样要考虑到划分后空间的主从关系，要避免空间均分所带来的空间整体效果差的问题（图 2.11、图 2.12）。

**图 2.11** 列柱对空间的限定

**图 2.12** 一组柱子对空间的限定

（2）水平限定要素（顶棚、地面）

① 顶棚

建筑的顶棚不仅能遮蔽建筑物的内部空间，使人们免受日晒、雨淋之苦，而且也影响着建筑的整体造型和内部空间的形状。同时，建筑屋顶的形状又受到材料、结构形式等因素影响。屋顶往往远离人的触觉范围，主要以人的视觉感知为主，因此往往成为空间形式表现的重要因素。

顶棚作为空间内部的顶界面，在单层建筑中是指建筑的屋顶，而在多层或高层建筑中也可以是上下楼层间的楼盖。一棵树的树冠可以在其下方提供一个树荫，与此相同，建筑的顶棚也可在它本身和地面之间限定出空间。顶棚的外边缘形成了空间场所的边界，并且顶棚的形状、大小、距地面的高度都会对所覆盖的空间产生影响。如果有地面上的垂直构件与顶面相连接，会增加空间的视觉形象感。实际上房间的屋顶也总要有柱子或墙体等垂直构件来支撑，共同完成对其内部空间的限定。

在单一空间的设计中，顶棚的处理较为复杂，也经常成为设计的重点。有些建筑空间，单纯靠墙和柱很难明确地界定出空间的形状及范围，但通过顶棚的处理则可以强调空间的形状，使人们的空间感更加明确，顶棚的覆盖作用常常可以起到统一其下部空间的效果。

通过对顶棚的处理还可以强调空间的主从关系。例如在一些公共建筑的入口大厅中，往往包含着若干种不同的使用功能，如宾馆的大堂要同时具有接待、休息、等候电梯等多个使用部分，这些部分本身又由于相互之间的密切联系不能完全独立设置，若在局部顶棚的设计上作相应的处理，就会取得比较理想的效果。

顶棚又是建筑中许多设备、设施附着的地方，如灯具、空调通风口、扬声器以及消防专用的烟感器、自动喷淋喷头等都经常安装在房间的顶棚，这都要求和顶棚一起作统一处理，处理得当会有利于空间的整体效果。

在许多建筑中，顶棚的形式都或多或少是建筑结构形式的反映，顶棚的处理也应当和结构巧妙地相结合。例如在采用井字梁作楼盖结构的大厅中，可以结合有韵律排列的梁格对顶棚进行装修处理，既能实现良好的空间效果，又能节省材料和空间。

另外，利用房间的顶棚还可以实现某些特殊用途。例如，在一些作为屋顶的顶棚上，可以开设天窗对室内采光，天窗的采光效率要高于侧窗，并且由于光线从上面射入室内，能够产生类似于室外的受光效果。再如，在音乐厅、影剧院的观众厅中，由于对室内音质要求较高，经常把顶棚做成波浪形或折板形，以改善声波的反射效果，当然在这种情况下，顶棚的最终形式是要结合专业的音质设计得出的（图2.13、图2.14）。

图2.13　哈尔滨音乐厅夜景图

图2.14　哈尔滨音乐厅室内

②地面

地面作为空间的底界面，也是一种水平向度的空间限定要素。在现实生活中任何空间的形成都要有地面参与。地面上的色彩变化、质感变化、图案设计还能丰富空间的变化。

a. 地面材料处理

对地面的处理，经常用具有不同色彩和质感的大理石、水磨石、地面砖、地板、地毯等材料，充分利用材料本身的性质和不同种类材料间的相互搭配，可以起到室内装饰作用和强调空间用途的功效。例如，人们可以用不同色彩和纹理的大理石，在地面上拼出有装饰性的图案，通过图案本身所具有的完整性、连续性和韵律感，创造或庄重典雅或简约大方或自由活泼的空间风格。再如，通常在接待贵宾的大厅中铺一条红地毯，既限定出相应的交通空间，也指明了宾客行进的方向。

b. 地面上升处理

利用高差的变化，通过升起或凹陷等手法调整局部地面的标高，也能有效地起到限定空间的作用。将一部分地面升起，会在一个大的环境中创造出一个场所空间，升起部分的边缘界定了场所的范围。地面升得越高，它相对于周围空间就越突出。如果升高的部分再借助于颜色或质感的变化来进行强调，就会更加强化这一部分的突出感。升起的空间常起到强调和展示的作用，在实际应用中，演出用的舞台、教室的讲台等多采取地面升起的处理方式。

c. 地面凹陷处理

地面的凹陷也能分隔出一个空间场所，这个场所的范围由凹陷部分的垂直面所界定。与地面升起限定空间的方式不同的是，凹陷的地面是靠凹陷部分的侧壁来形成视觉界线的。如果要强化此部分空间的独立感，可以用将凹陷部分的地面处理成与周围地面形成强烈对比的手法来实现。另外，凹陷空间在几何形式或相对位置上的对比，也能在视觉上强化与周围环境间的区别。地面凹陷的手法常常用来创造安全、遮蔽的空间氛围。

在很多内部空间中，由于地面需要用来承托家具、设备和人的活动，并且由于人站在地面上，在视线范围内地面的暴露程度也受到限制，因此主要依靠地面来限定空间的做法并不常见，往往把地面和墙、室内陈设等垂直限定要素结合起来，共同实现对空间的限定（图 2.15、图 2.16）。

**图 2.15** 斯德哥尔摩市政厅的地面铺装限定空间

**图 2.16** 林肯纪念堂地面铺装限定空间

（3）室内陈设

在一个房间中，除了墙面、柱、顶棚、地面等建筑构件能对空间产生限定作用外，家具、绿化、工艺品等室内陈设的摆放布置，还会对空间起到"二次限定"的作用。例如，在住宅起居室中，人们就常利用沙发的布置营造出一个相对独立的会客场所；在商场中，可以利用货架的摆放，限定出销售某类商品的售货区域；在办公室里，可以利用办公桌、书架、绿色植物等，划分出属于个人的办公空间。

室内陈设对空间的限定能力，随其高度的变化而变化。当陈设物的高度小于 0.6m 时，虽然能对空间区域进行划分，但由于不会对人的视线产生遮挡，因此空间限定能力较弱；当陈设物的高度在 1.2m 左右时，这一高度将遮挡处于坐、卧状态的人的视线，而对站立的人不会有太大影响，开敞办公室中办公单元的隔断一般都采用这一高度；当陈设物的高度大于 1.8m 时，人的视线将完全被陈设物遮挡，并且随着陈设物高度的增加，其对空间的限定能力也会随之增加，这时陈设物的性质已十分接近墙、柱等垂直限定要素。需要补充一点，按照成年人的平均身高来计算，人在站立状态时，视高一般在 1.5m 左右，也就是说，1.5m 是人的视线能否被遮挡的"临界高度"。为了得到一种肯定的限定效果，一般来说，要避免选用 1.5m 左右高度的室内陈设物，应让陈设物的高度明显地高于或者低于这一尺寸（图 2.17、图 2.18）。

## 2. 空间的基本属性

拥有内部空间是建筑的基本特征，建筑就像一个巨大的容器，在其内部容纳着丰富多彩的人类生活。对于一个房间来说，空间的形状、比例和尺度以及围合的程度则被称为空间的基本属性，这些客观存在的基本属性对单一空间的品质有直接的影响作用。

（1）空间的形状

不同形状的空间，往往使人产生不同的感受。建筑空间的形状是根据使用功能的要求和人的精神感受要求来选择的，使之既适用，又能达到一定的艺术意图。

图 2.17　陈设物空间限定（1）

图 2.18　陈设物空间限定（2）

① 单一空间形状由空间的使用功能决定

总的来说，单一空间的形状主要是由空间的使用功能来决定的。例如，对于一间中小学使用的标准教室来说，教室的形状是由目前学校的教学模式，以及班级内的学生人数和桌椅摆放布置情况来决定的。为了便于教师讲课，教室一般设计成矩形，讲台与黑板设置在教室的一端，学生面对黑板坐在教室中。在我国中小学里，一个标准班级定员一般 50 人左右，与此相适应，教室的使用面积 60m² 左右，学生的桌椅成行成列地布置，中间留有过道。为了保证教室的视、听效果，需要为教室确定一个合理的长宽尺寸，教室过长，后排座位距黑板、讲台太远，对视、听效果不利；教室过宽，前排两侧的座位太偏，看黑板时有严重的反光。综合上述因素，在绝大多数的中小学标准教室中都把学生的课桌排四列，加上课桌间的过道，决定出教室的平面尺寸大约为 6.9m × 9.3m。

对于另外一些房间，对形状的选择随着功能要求的不同而发生变化。如幼儿园活动室，由于对视、听的要求并不严格，考虑到幼儿活动的多样性，可以把活动室的平面设计成正方形、多边形等，也能满足使用要求（图 2.19）。

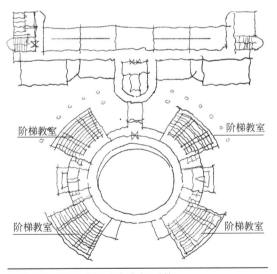

图 2.19　使用功能决定空间形状

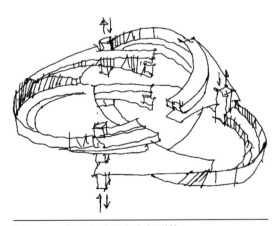

图 2.20　使用方式决定空间形状

影剧院建筑的观众厅和体育馆的比赛厅，虽都有视、听两方面的要求，但毕竟因使用方式不同，反映在空间形式上，空间的形状也要有相应的变化。在影剧院观众厅中，观众需要从一侧观看演出，观众厅与舞台、银幕相对布置。而在体育馆的比赛厅中，观众可以从多个角度来观看体育比赛，所以观众席往往围绕着比赛场地布置。这些原因决定了影剧院观众厅和体育馆比赛厅在形状上的区别（图2.20）。

其他如天文观象厅、工业厂房、手术室等，其功能对于空间形状的制约作用则体现得更加明显。

② 建筑的形体塑造影响内部空间的形状

建筑的形体塑造也会对内部空间的形状产生影响。按照建筑的特点，墙、顶棚、地面等实体部分往往以空间外壳的形式出现，建筑的形体形状一定程度上要反映出建筑的空间形状，也就是说建筑有什么样的外部形体形状，往往内部就会存在与之形状相对应的空间。但在办公楼、商场、图书馆、博物馆等建筑中，许多房间由于功能特点，对于空间形状并无严格的要求，这时在空间形状的选择方面就表现出一定的灵活性。它的内部空间形状可以是矩形，也可以设计成圆形、三角形、多边形，甚至是不规则形状，只要内部布置得当，都能满足使用要求。对于这类空间，可以从建筑整体造型方面来考虑单一空间的形状，创造出更为灵活的空间形式（图2.21）。

**图 2.21** 韩国 Dior 专卖店

③ 建筑空间形状的其他三个主要影响因素

一座建筑是一个相对独立完整的系统，它最终以一种什么样的形式出现，是各种与建筑相关的影响因素共同作用的结果。建筑空间的形状也同样要受到许多其他因素的影响，总结起来主要有以下三个因素。

a. 受空间组合关系的影响

前面提到的中小学标准教室，平面一般采用矩形或六边形，如果从只满足一个房间的使用功能角度来考虑，它还可以布置成其他形状，如半圆形、三角形等，那么为什么绝大部分此类教室都只采用矩形或六边形平面呢？这是因为有一定规模的建筑，总是由许多个单一空间组合在一起的。单一空间形状的选择，不仅要考虑空间形状是否符合使用要求，还要考虑这种形状的空间是否便于同周围其他空间进行组合。拿半圆形的教室来说，把黑板和讲台布置在直线边，把学生桌椅平行于圆弧，进行半包围形布置，完全可以满足教学要求。但我们想象一下，当多个半圆形教室排列在一起时，教室之间就会出现大量的冗余空间，造成浪费，并且教室以外的空间效果也不理想。这说明建筑中单一空间的形式，不但是由一个空间自身的功能情况所决定，还要考虑它与周围空间的关系（图2.22）。

b. 受建筑技术手段的影响

建筑空间是人们利用建筑材料，并采用一定的结构形式和施工工艺，从自然空间中围隔出来的。建筑空间的产生，需要技术手段的支持和保障。反过来，空间的形式也要受到建筑技术的制约，并受其影响。所谓建筑技术主要是指建筑结构、材料、施工工艺、建筑的设备、设施等相关的方面，其中结构形式和技术对建筑空间的影响最为突出。随着人们掌握的建筑技术水平日益提高，建筑作为一种人类活动的容器也随之越来越复杂和精致。在古代，由于技术水平低下，导致建筑室内空间狭小而简陋，现在技术方面的进步使许多过去认为是不可想象的建筑高大空间成为现实。

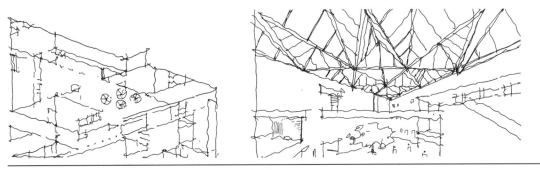

**图 2.22** 美国国家美术馆东馆的平面及空间形式选择

　　现在人们已掌握的结构形式有许多种，可以根据不同的空间要求有选择地使用。对于空间跨度不太大的房间，可以采用砖混或框架结构。为了使结构受力合理，承重墙或柱一般要垂直于地面，而钢筋混凝土楼板则可以水平铺放，把受到的荷载传递到墙或柱子上。对于体育馆、大会堂等空间跨度大的建筑来说，使用砖混和框架结构就不再适合了，在此情况下往往要采用拱、薄壳、网架、悬索、张拉膜等结构形式。这些结构形式由于其自身的受力特点，都会在一定程度上对其限定的内部空间形状产生影响（图 2.23）。

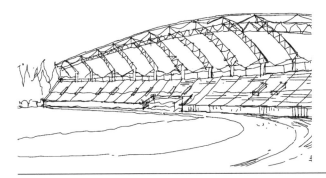

**图 2.23** 西南交通大学新校区体育场

　　c.受社会文化的影响

　　建筑不仅是一种艺术对象，也不仅是一种工程技术对象，它还是一种社会文化对象。建筑空间也同样要受到社会文化因素的深刻影响。例如中国古代的寺庙建筑，由于受到传统文化价值观的影响，建筑的布局往往与庭院相结合，佛堂的形状也大都为矩形。而西方古代的基督教堂，则往往是一个独立的建筑单体，许多教堂的平面呈十字形，与其他宗教的建筑内部空间形状截然不同（图 2.24）。社会文化因素对建筑的影响极其广泛，反映在建筑空间形式的变化上也是多种多样的，这些都需要建筑师作深入、细致的研究。

　　④ 建筑空间形状多样

　　建筑的空间形状虽然多种多样，但总的来说可以分成两大类，即规则几何形和不规则几何形。人的视觉具有自觉简化的特点，格式塔心理学认为：人在观察事物时，总把形式归为最简单、最规则的"形"的构成，因为这些"简约合宜"的形状会使感知和理解变得容易。人们对建筑形体的感知常用这样的词汇描述："圆形""方形""三角形""不规则形"。相应的，建筑内部的单一空间也表现为这些基本形状，或是由这些基本形状的增减变化及相互叠加而构成。

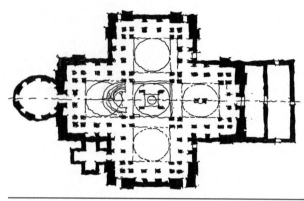

图 2.24　希腊十字式——阿波斯多尔教堂

a. 规则几何形空间

规则几何形体即通过圆形、方形（或矩形）和三角形这三种基本形式，经展开或旋转而成的清楚、规则而易认识的形体，亦称之为柏拉图体。这种形体在格式塔心理学看来是简洁而完美的形式，具有高度的视觉可知性，常常为各流派建筑师用作建筑创作的构形要素。现代主义建筑大师勒·柯布西耶（Le Corbusier，1887—1965）曾说："……立方体、圆锥体、球体、圆柱体或者金字塔式锥体，都是伟大的基本形式，它们明确地反映了这些形状的优越性。这些形状是鲜明的、实在的、毫不含糊的。由于这个原因，这些形式是美的，而且是最美的形式"。这些形体的平面投影都可以归纳成圆形、方形或三角形。

ⅰ. 圆形空间

以圆形为主体要素的单一空间，包括圆柱、圆锥和球体，由于圆形带来的空间集中感及向心的特性，圆形空间亦常被用作中心空间。圆形的大小变幻和多种组合使其空间的形式多样、灵活多变。而圆形的无棱角的特点使圆形空间最大程度上满足了安全性。循环、围合也是圆形空间的优势（图 2.25）。

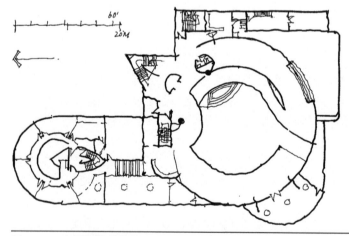

图 2.25　古根海姆博物馆

ⅱ. 矩形空间

以矩形为衍生本源的空间，包括立方体空间和长方体空间。矩形空间是最常见、最普通的空间类型。立方体空间在长、高、深度三个方向上等距，是一种纯净无方向感的空间，代表中性的、合理的概念。几乎绝大多数的房间都以长方体的样式出现，我们对这种空间最为熟悉。在我们的视觉印象中，长向常被作为空间的深度方向，作为空间的轴向（图2.26）。

ⅲ. 三角形空间

三角形空间具有强烈的方向性，围合面较少，水平方向进深视觉转换强烈，易产生突发感。顶点至底边相互位置的变化，使视觉发生扩张和收缩的对比。由于三角形中总要有锐角存在，为了保证使用，三角形空间一般不宜过小。另外为了缓和紧张感，锐角处常作切角处理（图2.27）。

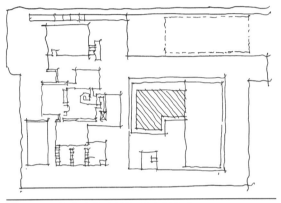

图2.26 艾弗森美术馆矩形空间组合    图2.27 斯德哥尔摩瓦萨沉船纪念馆

b. 不规则几何形空间

不规则几何形体是与规则几何形体相对应而言的，出现不规则形状的空间往往是由于不规则形状的建筑形体所造成的。空间表现在各个局部的性质也都不同，彼此之间的关系并不前后一致，一般为非对称的。不规则形体常由于打破平衡感而显得比规则形体更富有动态，并为一些现代建筑流派所选用，以制造一种特殊的意境（图2.28）。

图2.28 不规则形体组合

（2）空间的比例和尺度

空间的比例尺度是观察者对空间量度的把握，其中比例是空间各构成要素之间的数量关系；尺度则是空间构成要素与人体之间的数量关系。在视觉上我们对建筑的空间进行量度时，通常要与一个熟悉的参照物进行对比，并把它作为量度的工具。在建筑中有一部分构件，要以人的身体作为参照物，像楼梯踏步的高度和宽度、门的大小及门把手的位置等，用人体的尺寸或比例来量度建筑的大小，并满足人体的生理尺寸要求（图2.29），我们可以把这种尺度称作实用性尺度，它属于人体工学的范畴。然而并非所有的建筑构件都用人体本身的尺度来量度，例如当人们走在狭窄的胡同里时，会感到压抑，这时之所以认为胡同狭窄，并非因为胡同窄得不足以让人通过，而是因为胡同两旁的建筑相对过高，且距离过近，造成了人心理上的压抑感。这种与环境中其他构件比较后确定出的空间大小，我们称之为感受性尺度。

① 不同比例和尺度的建筑空间类型

人们处在形状相同的空间中，由于比例和尺度发生变化所带来的视觉感受是不同的。在建筑空间中，一般包含着以下几种不同比例和尺度的空间类型。

a. 亲和空间

亲和空间是接近人体尺度的低小空间，有良好的可居性和亲切感，具有宁静、亲切的感觉（图2.30）。

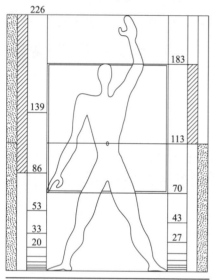

图2.29　人的尺度（柯布西耶　绘）

图2.30　亲和空间

b. 高狭空间

高狭空间有强烈的上升感，可获得神圣、崇高的含义（图2.31）。

c. 轴向空间

轴向空间水平方向的前进感，表达一种深远的气氛（图2.32）。

图2.31　高狭空间——挪威卑尔根某办公楼

图2.32　轴向空间——佛罗伦萨某教堂

d. 开阔空间

开阔空间是大而低的空间，高宽比特别小，给人造成压抑感（图2.33）。

e. 巨型空间

巨型空间又高又大，远远超出人体的尺度，暗示着整体包容的感受。人的行为只占据空间的一小部分，让人产生建筑宏伟、自我渺小的感觉。常用来作为纪念性或展览性空间（图2.34）。

图2.33 大而低的压抑空间

图2.34 伦敦泰特现代艺术馆的巨大空间

② 建筑空间比例和尺度的影响因素

一般情况下，一个房间的大小主要是由它的用途来决定的，不同使用功能的空间，都有相应的大小和高度。但对于某些类型的建筑，如教堂、纪念堂或某些大型公共建筑，为了创造神秘的气氛和雄伟、宏大的形象，室内空间的尺度往往要大大超出使用功能的要求（图2.35）。

同时，室内空间的尺度要与房间的功能性质相一致。像居室一类的私密空间尺度要小一些，以营造亲切、宁静的气氛。而对于公共活动空间来说，过小或过低的空间将会使人感到局促和压抑，并且也不符合建筑的公共性质。因此像教室、办公室、商场营业厅、影剧院的观众厅等，出于功能的要求来确定空间的大小和尺寸，一般都可获得与功能性质相适应的尺度感。

另外，房间的高度对于尺度的影响，比宽度和长度要更强烈。顶棚的相对高度对空间的视觉品质具有重要的影响。如对于一间4m×6m的房间，如果把其高度定为3m，会让绝大多

图2.35 万神庙的超尺度空间

数人感到舒适，这时如果把层高降到2.5m，空间就会显得压抑；而在3m的高度下，把房间的长宽扩大到6m×9m，房间的比例尺度也可以让人接受。

室内空间的高度可以从两个方面来考虑：一是绝对高度，即房间的实际净高，这是可以用尺寸来表示的，合理的尺寸无疑具有重要的意义。如果房间的绝对高度选择不当，过低会使人感到压抑，过高又会让人感到不亲切。二是相对高度，即要把房间的高度尺寸与房间的平面尺寸一起考虑，更确切地说要让空间有合理的高跨比。根据人们的习惯，平面尺寸小的房间，绝对高度也要小一些，而平面尺寸大的房间绝对高度也要大一些。

（3）空间的围合程度

建筑空间都是由墙、地面、顶棚等实体通过围合限定出来的。从一个门槛到完全封闭的暗室，各种空间围护界面都能起到具体的限定作用。在一个封闭很严的房间里，人们会有密闭、闭塞、沉闷的感觉，而在四面通透的房间中，人们会有开敞和开放的感觉。由此可见，不同的空间围合程度，会营造出不同感受的空间。

所谓空间的围合程度，就是指限定空间的实体对空间的限定程度。围合的程度一般可以用高、低或强、弱来描述。在建筑空间中，围合程度的强弱并不含有肯定或否定的意思。换句话说，围合程度强的空间并不等于空间品质好，围合程度弱的空间也不一定等于空间品质差。空间是围还是透关键在于把握好程度，根据不同的空间性质和使用要求，该围的围，该透的透。

一个空间的围合程度如果很强，则有助于提高空间的完整性和独立性；相反，空间的围合程度很弱，则有助于提升空间之间的联系和流动。利用这一特点，通过对空间围合程度的把握，可以有意识地把人的注意力吸引到某个确定的方向。

空间围合的程度是由观察者的视域、空间的尺度和形状以及空间限定要素的特征等多种因素所决定，如表 2.1 所示。

表 2.1　视域、空间的尺度和形状以及空间限定要素的特征

| 因素 | 围合程度强 | 围合程度弱 |
| --- | --- | --- |
| 视线 | 不能通过 | 可以通过 |
| 视域 | 窄 | 宽 |
| 限定要素的高度 | 低 | 高 |
| 限定要素的宽度 | 大 | 小 |
| 限定要素的透明度 | 小 | 大 |
| 限定要素的间隔 | 窄 | 宽 |
| 限定要素的形态 | 向心 | 背心 |
| 限定要素的距离 | 近 | 远 |

另外，在实际应用中，房间的围合程度还受到以下因素的影响。

首先，受结构形式的影响。例如，用砖混结构建造的房屋，房屋的墙壁在起围护作用的同时，又是建筑结构的一部分，要承受建筑自身的荷载。因此墙面上门窗洞口的面积受到限制，不宜开得过大，室内空间一般比较封闭。而在采用框架结构的建筑中，因建筑荷载全部由梁柱体系传递给基础，房间的墙壁仅起到围护作用，不属于承重结构，因此可以根据人们的需要把房间设计得十分开敞（图 2.36）。

图 2.36　不同的结构形式形成不同的空间围合程度

其次，空间的围合程度受气候条件和房间朝向的影响。例如，我国南方地区夏季炎热，北方地区冬季寒冷，这就要求南方的建筑以考虑通风隔热为主，而北方的建筑则主要考虑保温防寒。为了满足这种要求，总体上来说，南方的建筑空间较为开敞，北方的建筑空间则较为封闭。并且，北方的建筑应尽量考虑南向开大窗，北向开小窗，以减少冬季室内热量散失；南方的建筑则要注意避免西晒，在西向或西南向的窗要考虑安装遮阳设施，这些都会对空间的围合程度带来一定的影响。

再次，空间围合的程度还与外部环境有关。如果建筑所处地段外部环境较好，就让建筑通透一些，空间围合的程度弱一些，这样有利于把外面优美的景色引入室内，提高内部空间的质量，现在许多建造在风景优美地区的建筑都采用了这种手法。相反，如果建筑的某些外部环境不尽如人意，这时就可以考虑利用建筑构件作局部遮挡，或根本不在此方向开窗，以保证室内空间不受影响（图 2.37、图 2.38）。

图 2.37　象山校区建筑开窗

图 2.38　内向性的住吉的长屋

安藤忠雄,刘小波.住吉的长屋,大阪,日本 [J].世界建筑,2003（06）:98-99.

## 3. 界面的处理

对于单一空间来说，空间的形状、比例和尺度以及围合程度等基本属性对空间性质起决定性作用，但我们必须认识到这些基本属性并不是决定空间效果的全部因素。例如对于两间空间形状完全相同的房间来说，如果其中一间房间的墙面没有作任何处理，而另一间房间墙面上作了精心的设计，那么我们可以想象，身处于这两间房间中，人们的空间感受是大不相同的。这说明，对空间界面的处理，也是影响空间性格和品质的重要因素。

（1）界面的色彩

在人类发展的过程中，人们每时每刻都在与色彩打交道，在视觉艺术中，色彩作为给人第一视觉印象的艺术，常常具有先声夺人的力量。人们在观察物体时，视觉神经对色彩反应最快，其次是形状，最后才是表面的质感和细节。来自外界的一切视觉形象，如物体的形状、空间、位置以及它们的界限和区别，都由色彩的明暗关系来反映。所以我们在对建筑空间进行设计时，要注重对色彩的设计和匹配，利用色彩来营造良好的建筑空间环境。

色彩在客观上是对人们视觉的一种刺激和象征，在主观上又是一种反映和行为，下面我们运用已知的色彩原理介绍一下色彩在建筑空间中的作用。

① 色彩具有调节建筑空间形态和尺度感的作用

色彩具有进退感、距离感和重量感，色彩的距离感受色相的影响最大，其次受彩度和明度的影响。波长相对较长的色彩，如红、橙、黄色等具有扩大向前的特性，而波长短的色彩，如蓝、蓝紫、紫色等具有后退、收缩感。如房间较小可采用冷色调为主的墙壁色，这样可使房间显得宽大；若室内顶棚过高可采用暖色系的明亮颜色，使顶棚看起来低一些。再如空间中过于粗大的柱子，可以通过深色的饰面来使之在感觉上变得细些；若柱子过细时，又可用明亮的浅色、暖色使其看起来粗些。

② 色彩具有限定或划分空间的作用

一个单一空间，不存在内部分隔的问题，但由于结构或功能的要求，把单一空间分成几个功能分区时（如餐厅里的座位区与交通区，酒吧里的观众区与表演区等），色彩就成为一个较为有效的划分空间的手段。色彩并不占用空间，却可分割空间，色彩的这一作用主要是通过对底界面和侧界面的色彩处理来完成的。如布拉格某百货商店，通过地砖色彩的改变将商场空间进行划分，通过不同的色彩明度和彩度，使这种限定更加明确（图2.39）。再如理查德·罗杰斯（Richard George Rogers，1933—2021）设计的泰晤士河谷大学学术资源中心（图2.40），设计者把曲面屋盖支撑结构涂成黄色，这样就无形中在纵向把一个大空间分割成了若干个小空间，这从座椅的摆放可以明显看出来。另外，运用色彩的标志性和快速可识别性，可将大空间分成若干个功能相同的区域，以便使人们能快速找到自己需要的位置。这种方法尤其适合需要大量人员聚集和疏散的空间，如西班牙诺坎普球场，用红、蓝、黄等区域将观众席划分出了不同的区域，具有很强的识别性（图2.41）。

图2.39　布拉格某百货商店

图2.40　泰晤士河谷大学学术资源中心

③ 色彩能够使空间带有积极或消极的"表情"

歌德把色彩分为积极色（主动色）与消极色（被动色）。他说，主动色能够产生一种有生命力的积极进取的态度，而被动色适合表现那种不安的、温柔的和向往的情绪。现代光波振动对神经系统影响的研究表明：色彩对血压、脉搏、心率、肌肉等都有影响，长波的颜色引起扩张反应，短波的颜色引起收缩反应。一般来讲，明快的暖色调给人以信心和减轻悲痛的作用；沉静的冷色调易消除烦闷、急躁，具有安定情绪的作用。例如，有位足球教练把球队的更衣室漆成蓝色调，使队员在半场休息时，处于温和放松的气氛中，但把外室都涂成红色的，这是为了给队员做临阵前的"打气"讲话提供一个更为兴奋的背景。粉红色是一种神奇的息怒色彩，美国科学家曾做过多次实验，让一个正在发怒的人进入有粉红色墙壁的房间里，他的怒气会渐渐地平息下来。经常生活在白色的环境中，会对人的生理、心理产生不良的影响，容易引起精神紧张，视力疲劳，并常会联想到医院、疾病和死亡，使人的心情不愉快。

图2.41　西班牙诺坎普球场

　　④ 利用色彩可以营造出不同的空间氛围

　　材料与形状相同的空间，由于色彩的差异，会形成温暖的、寒冷的、华丽的、朴素的、强烈的、柔弱的、明亮的或阴暗的……

环境氛围，表现出各种不同的感情效果。这种感情效果主要是人们对色彩产生的联想导致的。色彩的联想主要得益于人们对于色彩的记忆，一是类型上的相关性，二是时空上的连续性，三是范围上的扩展性。因而产生由此及彼、由表及里的联想，这些联想可以产生象征作用，它们都与社会化、宗教习俗、民族心态、个人经验等多种因素有关。设计师在进行空间色彩设计时，要善于利用人们对色彩产生的种种联想，来营造特定的空间氛围。

　　建筑空间色彩的运用受到一定的约束，要想取得良好的视觉效果，首先要注重空间的使用功能与服务对象。单一空间给人的整体感受是综合了形态、尺度、色彩、图案尺度、光等多种美而产生的。建筑色彩除具有观赏审美作用外，还要满足人们的不同使用要求，如医疗建筑、纪念性建筑、娱乐建筑等，它们具有不同的功能与使用人群，不同的使用人群对建筑空间色彩有着不同的心理及生理需求。建筑空间环境色彩设计，应首先考虑建筑空间的使用功能和服务对象，否则任何设计都将是一种无的放矢的行为。例如宾馆客房的作用，是使客人得到充分的休息，在配色时要注意创造出宁静温馨的气氛，使客人感到舒适放松；而在给写字楼办公间配色时，则要从提高办公人员的注意力及工作效率入手。再如男女、老少、不同国家、不同民族的人，对色彩有着不同的感受，在对空间进行色彩设计时要针对不同的使用人群，做到因人而异。例如医院的病房设计，老年人的病房应采用柔和的浅橙色或浅咖啡色作为室内色彩基调；外伤或青少年病房则宜采用浅蓝色或淡绿色，这种冷色调有利于减少病人冲动，能抑制烦躁痛苦的心情；儿童病房多用鲜艳明快的色调，这种色调可使孩子们乐观活泼，有利于疾病的治疗。

　　其次要掌握多种色彩的空间匹配方法。我们生活的空间通常具有丰富的色彩，不同色彩匹配之后所产生的效果是多种多样的，会形成安静的、活泼的、华丽的、朴素的、明亮的或阴暗的等环境气氛。配色给人以愉悦与舒适感觉时便称之为协调，否则为不协调。色彩的协调通常可分为类似协调和对比协调，其原则是，大调和，小对比。一般来说：达到平衡的非彩色组合与彩色组合有相似的审美度；同种色相的调和令人满意，同种明度的调和却不易处理；单纯色的调和比混合色的调和更易具有较高的审美度。

　　（2）界面的材质

　　离开建筑与装饰材料的运用来抽象地谈建筑色彩是没有意义的，在建筑空间中，任何色彩都要依附于具有一定质感的材料。这些材料不仅能满足空间使用功能的要求，而且不同材质组合所蕴含的信息不同，材质组合所营造的空间氛围是大相径庭的。建筑师应对材料的内在性能，包括形态、纹理、色泽、力学和化学性能仔细研究。美国建筑大师赖特

（Frank Lloyd Wright，1867—1959）指出：“每一种材料都有它自己的语言，自己的故事。”建筑材料的这种语言特征是人们在长期的建造过程中，对材料形成的认识积累的结果。不同材料由于其各自的商业价值，而具有华贵或朴素的特征，对于不同材料的选用与匹配还反映出业主及设计师的品位及喜好。

① 建筑材料的应用和注意事项

在材料的使用上，应尽量保持材料原有的质感和色彩，尽量不要用装饰材料来掩饰。很多建筑材料本身具有的质色，具有极高的审美价值，而且形式、花纹、色彩自然、不呆板，人们更容易接受。赖特说：“材料因体现了本性而获得了价值，人们不应该改变它们的性质或想让它们成为别的。”设计师在设计时应恰如其分地运用材料。

如建筑师斯维特兰娜·科罗雅娜（Svetlana Goloyina）设计的杜布肯的木屋，圆木围墙完全裸露木的本色，毫无隐藏，木质的纹路得到突显，并不仅仅只是简单地显示圆木的本色，而且还要显示出它像光滑的布一样的质感。绿色的圆木，玫瑰色的圆木，奶油色的圆木，这样的圆木组成的围墙就好像是在反射大地、夕阳和各种自然现象的色彩，其外表的质地和感觉，与外皮喷涂过的墙面是完全不同的。在建筑空间中设计师还不忘利用冷暖、刚柔的对比手法，在楼梯及回廊的栏杆处，用了金属本色的构件。在墙上还挂了冰冷的金属壁画，在木质房屋中人们会感到轻柔、温暖，而金属让人感到刚毅寒冷，这两种用原来质色的材料所营造出的空间氛围是经过修饰的材料所无法比拟的（图2.42）。

**图 2.42　杜布肯的木屋**

拉里莎·科佩洛娃，韩林飞. 杜布肯的木屋，莫斯科，俄罗斯 [J]. 世界建筑，2002(09): 73-75.

在运用材料时，还应注意由材料的组合而产生的效果。

首先，在对不同材料进行组合时，要注意材料质感本身具有的强调或抑制作用。通常有光泽的表面具有强调的效果，没有光泽的表面有抑制效果；强烈的色彩适于强调，浅淡的色彩适于抑制。有质地的表面具有强调效果，多使用强烈的色彩，但不适宜大面积地应用；质地不明显的表面有抑制效果，多用浅淡色彩，可以作背景色大面积使用。如著名建筑师安藤忠雄在许多建筑设计方案中，将清水混凝土墙和木窗放在一起，略有粗糙感的清水混凝土自然率真地显露着它本来的颜色，有着坚固、稳定、质朴的感觉，成了很好的背景。而木材精细多变的纹理、光滑的质感，明亮温暖的颜色，很好地强调了木材本身的自然色彩，在整体上又形成了一种深沉、内敛的和谐（图2.43）。

其次，材料的组合也有协调与不协调之分。建筑空间的美学效果除了在空间与体形上得到反映外，还着重依靠建筑材料本身的质地和颜色所造成的强烈对比来体现，用缓冲、调节、过度等不同手段，创造出协调统一的空间效果。如保罗·焦尔达诺（Paolo Giordanno）设计的“埃特罗”服装店，建筑材料的运用给人以强烈的震撼。木材与大理石是主要材料，它们在水平面和竖直面饶有趣味地交织组合，产生了匠心独运的系列对比，如轻重、明暗、冷暖等效果。整个空间轴线突出，对称感极强，这种瞬间产生的天然样式在相对稳重的大理石中寻求了一种平衡（图2.44）。

图 2.43 安藤忠雄——地中美术馆

图 2.44 "埃特罗"服装店内部

郭寅妹."埃特罗"服装店，亚历山德利亚，意大利 [J]. 世界建筑，2002(03): 70-71.

最后，在室内设计中，不同材料的组合还能体现不同的时代感和地域风情。如图 2.45 所示的一家意大利服装店，设计者着意营造出意大利文艺复兴时代的风格与氛围。顶部有数支欧陆复古色彩的磨砂玻璃吊灯，店内金色、米色与棕色的巧妙混搭对应牛仔裤布料深浅不同的蓝染，整体色彩鲜艳明快加之灯光的装饰和巧妙运用，时尚雅致的气息在入口就扑面而来。空间充斥着丰富的材质和线性几何元素，通过对细节的构建将品牌的定位视觉化。

② 常用建筑材料简介

20 世纪发展出非常多样的建筑材料，建筑师应根据立意和想要达到的艺术效果来选择使用何种材料，选材是建筑设计中的一个重要环节。下面我们就介绍几种常用的建筑材料，并欣赏一下它们所形成的空间效果。

a. 砖

砖是一种早期人工材料，不仅性能良好、坚固耐久，而且在烧制过程中可以对色彩、质地、形状、尺寸加以控制，其砌式、色彩可根据设计而构成不同的纹理和图案。砖受到很多建筑师的钟爱，常被用于一些表现传统的、有地方特色的、与自然环境相融合的、有人情味的、有手工艺味的建筑中（图 2.46）。

图 2.45 米兰 Jacob Chen 精品店

北方.商业空间极致追求的典范——Area-17 公司建筑与室内设计作品赏析 [J]. 家具与室内装饰，2020(01): 78-83.

图 2.46 红砖美术馆中庭（周立军 摄）

b. 石材

石材是一种天然无机材料，在建筑中使用的历史非常久远。建筑用石材主要是大理石与花岗岩，因其结构致密、质地坚硬而具有内在的坚固与力量感。石材天然形成的色彩、花纹和斑点非常丰富，具有一种非人可控制的自然力量与深度，这是其他任何材料无法与之相比的。当代建筑在石材的选用上，由于有了先进的加工手段，建筑师可灵活地控制石材的形态，充分挖掘色彩、质感、纹理的展现，以期获得特殊的效果（图 2.47）。

　　c. 混凝土

　　混凝土是一种历史悠久的人工材料，其结构性能非常出色，它干燥后像石头一样坚固耐久，用钢筋加固可达很大跨度。混凝土在初始状态具有极大的塑性，可以塑造丰富的、有韵律的空间形态。混凝土饰面具有朴素厚重的美感，并且可创造出丰富多彩的纹理和质感。而对于色彩来说，混凝土饰面比其他材料蕴含着更大的可能性，特有的深浅不同的灰色，使材料自身的色彩表现成为混凝土饰面的精神所在（图 2.48）。

图 2.47　石材的质感效果

图 2.48　韩国首尔 ddp 东大门设计广场室内

　　d. 木材

　　木材是人类最早使用的建筑材料，也是天然的有机材料。木材质地轻，有柔韧性，有独特的天然纹理和温和的色彩，而且木材还有一种温度感，与其他建筑材料相比，木比砖石更加柔和，比钢和混凝土更具温情。木材种类很多，不同种类在硬度、色彩、纹理方面差别较大。因此，从粗拙到华贵，木材具有丰富的表现力（图 2.49）。

(a) 京都小酒馆（周立军　摄）

(b) 京都小酒馆

图 2.49　木材

　　e. 金属与玻璃

　　金属是一种轻质高强度材料，易加工，延展性好。金属的质感主要表现在精密细致的加工工艺上，以及其组装后产生的具有韵律感的美。金属除了应用在结构和面层上，还作为玻璃的主要连接与支撑构件。玻璃是一种无定形非结晶体的均质同向性材料，它透明，具有一定的可塑性。玻璃由于其透明与反射等特征，形成色彩丰富、不断变幻的界面。金属的刚劲与玻璃的通透是极富现代感的组合，随着日光在一天中的不断变幻，建筑空间环境也随之形成多样效果（图2.50）。

图 2.50　卢浮宫金字塔玻璃幕墙

## 4. 空间中的光

（1）光的分类

建筑环境中的光源可分为两大类：自然光和人工光。

① 自然光

自然光就是太阳光，人类离不开阳光的哺育。光刺激视觉，使我们看见并认识周围的环境，从而获得 80% 赖以生存的外界信息。自然光昼夜复始地更迭，控制着人体生物钟，使我们的生命节奏保持平衡。明亮的、愉悦的、活跃的光振奋人的精神。因此在建筑中只要有可能，应该充分利用自然光，白天尽量少用或不用人工照明。这样不仅仅是为了经济，而更是对人的视觉生理有益。人对自然光的接受量，并不是越多越好，有一个最佳值。室内光线的强度，与开窗的面积大小有关，开窗面积大，室内进光量就多，照度就高。对于建筑设计来说，常采用控制窗地比的方法来确定室内空间合理的进光量。所谓窗地比，即：窗面积与房间地面面积的比值。这个值按房间用途不同而不同，具体见表2.2。

表 2.2　窗地比与房间用途的关系

| 级别 | 窗地比 | 房间用途 |
| --- | --- | --- |
| 1 | 1/3 ～ 1/5 | 制图、手术、光学仪器研磨…… |
| 2 | 1/4 ～ 1/6 | 机械加工、阅览、急救…… |
| 3 | 1/6 ～ 1/8 | 起居、教室、办公、商店…… |
| 4 | 1/8 ～ 1/10 | 书库、剧场休息、车库…… |
| 5 | ＜1/10 | 库房、储藏…… |

实际应用中，利用窗地比仅仅能粗略估算室内采光量。其实，房间和窗的形状、窗的高度等，都会影响室内光线的质量。

② 人工光

夜晚没有自然光，就需要人工照明，人工光源的质量会对视觉产生影响。如白炽灯的光是连续的，但其波长偏于黄光，所以在这种光源下淡黄色与白色难以辨别。日光灯的光质接近太阳光，但它的发光是不连续的。这种间断虽然不能被视觉感觉到，但却对视觉生理有害。随着科技的进步，新型的照明灯具不断出现，这些灯具的性能较之以往有了很大的提高，为人工光源的选择提供了更多的可能。

（2）光的作用

光线是视觉感知的基础，没有光线就谈不上视觉。光线的神奇性质在于它将物质世界展现于我们眼前，使被照射到的物体变为可见，而它自己却是不可见的。光线使空间和形状产生联系，并使其为人所感知。光线可以在空间完全不加以变动的情况下，仍然起到装饰空间的作用。比如利用光线增大或缩小对空间的感觉，使不相关的空间之间发生联系，区分不同的区域，或为空间带来色彩。另外，光可以对人的视觉起引导作用，使我们去注意细节，为我们的视觉世界创造深度。光还可以帮助记忆，使人产生联想，影响人的情绪。因此，空间中的光环境设计在很大程度上决定着人们空间感受的效果，是建筑空间设计的重要组成部分。

从公元 128 年罗马万神庙屋顶上的采光圆洞（直径 8.9m），到 20 世纪末（1999 年）德国柏林国会大厦以宏大的镜面和晶莹的玻璃建构的穹顶（直径 40m）；从古代一直沿用到 19 世纪的户户昏暗烛光，到今天处处璀璨斑斓的电器照明，回首建筑的发展历程，采光照明一直对建筑的面貌以及建筑空间的演变发展和人们感受效果产生着重要的影响，并发挥着重要的作用，可以说光是建筑艺术的灵魂（图 2.51、图 2.52）。

图 2.51　古罗马万神庙内部

图 2.52　柏林国会大厦的采光穹顶

① 光可以塑造形象

物体的形象只有在光的作用下才能被感知。正确地利用光，包括光量、光的性质和方向，能加强建筑造型的三维立体感，提升艺术效果；反之则可能导致形象平淡或歪曲（图 2.53）。

② 光可以划分空间

明和暗的差异自然地形成室内外不同的心理暗示，光的微弱变化也造就了空间的层次感（图 2.54）。

图 2.53　哈尔滨大剧院的夜晚形象

图 2.54　光在空间中起到划分区域的作用

③光可以渲染气氛

晴日当空、阴雨连绵、雷鸣闪电带给我们不同的心情，这当中光的变化起着重要作用。光渲染的气氛对人的心理状态和光环境的艺术感染力有决定性的影响（图 2.55）。

④光可以突出重点

没有重点就会使艺术作品显得平庸。强化光的明暗对比，能把要表现的艺术形象或细节突显出来，形成视觉中心。较强的对比还能产生戏剧性的艺术效果，令人激动（图 2.56）。

**图 2.55** 光之教堂

**图 2.56** 光明暗对比的指引性

⑤光能演现色彩

自然光可以真实地映现环境、人和物体的缤纷色彩，显色性好的人工光源也可以做到这一点，而显色性差的灯则会造成色彩变异，丧失环境色彩的魅力。彩色灯光赋予光环境情感意识，但也会使一些颜色受到扭曲（图 2.57）。

⑥光还能装饰环境

光和影编织图案，建筑材料通过反射和折射表现出光感，光有节奏的动态变化，以及灯具的优美造型都是装饰环境的重要手段，可以成为引人入胜的视觉焦点（图 2.58）。

**图 2.57** 良好的照明营造室内色彩氛围

**图 2.58** 灯具的造型作为装饰环境的要素

（3）光的照度设计

在建筑的光学设计中，最重要的是照度问题。不同使用功能的房间对光线照度的要求不同。一般来说，阅览室的照度（在桌面上）为 500lx，起居室的照度为 200lx，而走廊、卫生间等空间只需 50～100lx。

由于室内空间的形状和窗的形式不同，室内各处照度并不相同。一般来说，靠近窗口的光线较充足，离窗越远，光线越弱。如果房间中光线明暗差别太大，也会对使用造成影响。要想使室内的光线比较均匀，最简单的方式就是在设计中控制房间的进深，如果是一个单面开窗的房间，房间的深度应小于窗高的两倍；若两侧都有窗，则房间的深度应小于窗高的四倍（图 2.59）。

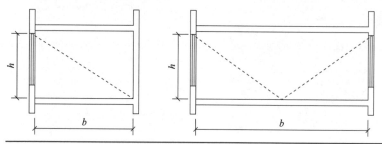

**图 2.59** 控制房间进深的方法（卫大可 绘）
b—房间深度；h—窗高

室内空间的光环境设计时还应尽量避免出现眩光。眩光是强烈的光线直接照射眼睛造成的，它会让人觉得十分刺眼。在展览馆、陈列室的设计中，尤其要重视眩光问题。如果展品的放置位置与采光窗口或灯光距离太近，由于亮度的强烈对比，会使参观者无法看清展品，并且因受眩光刺激而感觉难受。因此，展品和光源之间必须隔开或成一定角度。其中的保护角一般应大于 14°（图 2.60）。

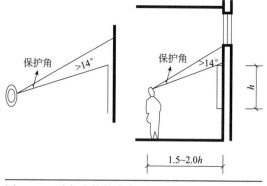

**图 2.60** 避免直接炫光方法（周立军 绘）

在建筑空间中，光是一种语言，向人们述说着建筑师的设计理念和艺术追求。同时，光是设计的手段，建筑师可以通过对光线的驾驭展示设计才能，光可以开创建筑三维创作之外的另一片广阔天地。光环境的设计除了让建筑空间具有应有的照度外，它还有增加空间艺术感染力的作用。建筑师应当积极运用光线这一极其经济有效的设计手段，来优化自己的设计，创作出"光彩夺目"的建筑作品。

## 二、组合空间

前一节主要分析了单一空间的生成、基本属性以及表现形式。然而，仅仅每一个房间分别满足各自的要求，并不足以说明整个建筑的空间安排就是合理的。在现实生活中，只有极个别的建筑是由一个单一空间组成，绝大部分建筑都是由少则几个、十几个，多则几百个，甚至上千个房间按照一定的相互关系组合而成。人们在使用建筑时不可能只把自己的活动限制在某一个房间内，而不涉及其他房间。反过来，房间与房间之间从使用上来讲都不是彼此孤立的，总要有或强或弱的联系。因此要想处理好建筑空间，还必须处理好各个单一空间的相互联系。只有按照某种秩序把所有的空间有机地组合在一起，形成一个完整系统，建筑的空间布置才是合理的。显然，这一问题已超出了单一空间的范畴，表现为多空间的组合。

## 1. 基本空间关系

一幢建筑中，单一空间通过一定方式联系起来成为更加复杂的空间。其中两个单一空间之间的关系是最基本的空间关系，是衍生出更为复杂的空间关系的基础。我们把两个相邻的单一空间之间的关系称为基本空间关系，概括起来分为：包容、相交、接触和分离四种情况。

（1）包容关系

包容指一个空间被包含于另一个空间内部，因此也可以形象地称为"子母"关系（图 2.61）。

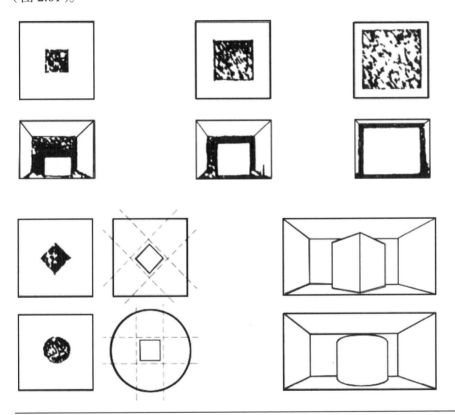

图 2.61　空间的包容关系

子空间成为母空间内部的空间，子空间对于母空间而言，可视为空间的二次限定，并且两者之间存在着空间或视觉上的连续性。空间上的连续，使人们行为上的连续成为可能。在设置子空间时，要充分考虑到其与母空间之间的联系，让人不会受到空间边界的阻隔，这就是通常所说的围而不断。当然，具体的围合程度要根据功能要求来确定。视觉上的连续使人们在子母空间之间建立起更为直观的联系，人们可以关注身处不同空间中的人或人的行为，形成人看人的局面。这种视觉连续的最终目的，是为了引起不同空间内人们心理上的沟通与交流，属于情感和感受的范畴。

在包容的空间关系中，封闭的母空间是作为子空间的三维空间场地而存在的。也就是说，形成子空间的限定要素以及其中人的活动，往往像展厅中的展品一样成为母空间中人们的视觉焦点。同时与无生命的展品不同，子空间中的人也同样有兴趣观察周围的环境，放眼母空间中的景象和人的活动。要满足这种相互展示的要求，一般需要让子母空间的大小形成较为鲜明的对比。当子空间远远小于母空间的容积时，人们感受到的包容效果较为强烈；相反，当母空间的容积和子空间相差无几时，大空间则成为小空间的外壳，失去了空间之间相互感受的视距。另外，为了丰富空间的视觉效果，还可以通过子空间的形状和方位变化来实现，这样一来子空间以外的空间也会跟着丰富起来。

（2）相交关系

相交指两个空间相互穿插，咬合在一起，以形成公共部分。当两个空间相互贯穿时仍保持各自作为空间的完整性及界限。也就是说，两个空间各自的某一部分相重叠，形成一种你中有我、我中有你的态势，彼此之间相互沟通，共同部分可被看作是起联结作用的"特殊地带"。

从两个空间相互穿插、相互沟通所形成的结果来看，一般会出现下列三种情况（图2.62）：

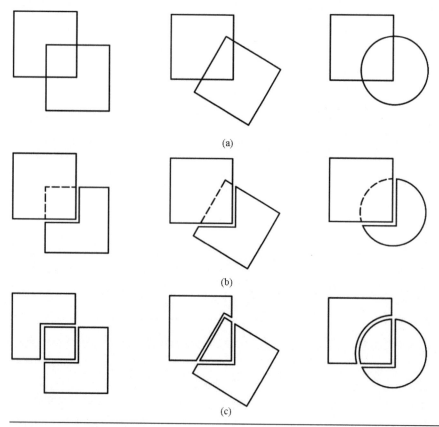

图2.62　空间的相交关系

第一种情况为两个空间的穿插部分为双方共有，这一部分的空间特性由两个空间本身的性质融合而成［图2.62（a）］。

第二种情况为两个空间的穿插部分被纳入某一个空间中，成为这个空间体积的一部分［图2.62（b）］。

第三种情况为穿插部分除在形体上仍为两个空间所有外，其本身已自成一体并相对独立为一个新的空间，成为原来两个空间的连续空间［图2.62（c）］。

（3）接触关系

接触是指两个空间存在共存的界面并相互联系，这是空间关系中最常见的形式。相互接触的空间之间的视觉连续及空间连续程度，取决于既将它们分隔又把它们联系在一起的界面的特征。这里，界面可以是有形的，也可以是无形的。例如，用限定空间的垂直要素得到的界面基本上都算是有形的，而用水平要素界定的空间界面往往表现为无形。但无论是有形还是无形，界面总是存在的，界面形式在接触空间关系中的作用是非常重要的。

根据空间界面形式的不同，接触关系又可分为以下三种情况（图2.63）：

第一种情况为垂直面划分的相邻空间［图2.63（a）］。

第二种情况为垂直线划分的相邻空间［图2.63（b）］。

第三种情况为以水平面或底面高度的差异不同划分的相邻空间［图2.63（c）］。

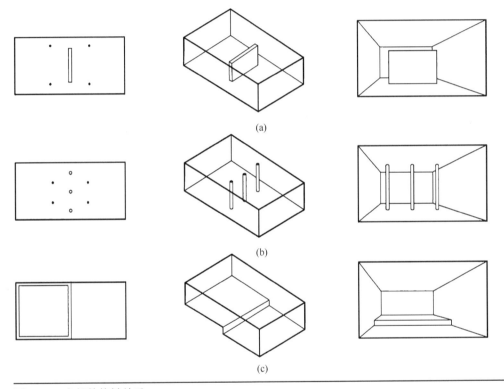

**图2.63** 空间的接触关系

（4）分离关系

在这里，分离是指以第三个空间联系的两个空间，第三空间从而形成公共联系空间，我们也可以把它称为中介空间。中介空间在形状及朝向上往往与所联系的空间形成差别，从而明显地表示出其联系作用（图2.64）。完全分离的两个空间不在我们这里的讨论之列。

这种公共空间的表现是多种多样的。它的形式和朝向可以与它所联系的两个空间表现出明显的不同，以表现空间之间的联系。它也可以与其所连接的两个空间的形式和尺度相同或相近，以形成一种空间上的厚重感或韵律感。它的形式可以是规则的，也可以完全根据它所联系的空间的形式和朝向来确定。联系空间如果足够大，则形成具有组织中心作用的公共空间，以将周围空间组织起来。

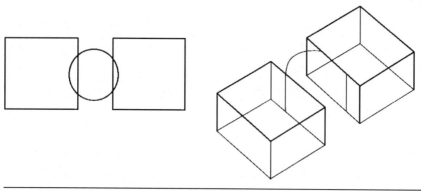

图 2.64　空间的分离关系

## 2. 空间组合框架

在建筑设计中，房间之间的功能联系将直接影响到整个建筑的布局。组织空间时要综合、全面地考虑各房间之间的功能联系，并把所有的房间都安排在最适宜的位置上，使之各得其所，以形成合理的布局。这要求设计者根据建筑的功能特点选择合适的空间组合框架。所谓"空间组合框架"就是指若干单一空间是以什么方式衔接在一起的。实际应用当中，空间组合框架是千变万化、多种多样的，通常建筑空间的组合框架可以用集中式和长轴式两种典型模式来概括，把这两种模式叠加组合之后，又可由此衍生出辐射式、单元式、网格式以及混合式等多种变体。无论建筑空间的组织是何等复杂，基于理性的归纳之后，我们都可以用空间组合框架来进行概括。

（1）集中式框架

集中式框架是一种稳定的向心式框架，一系列次要空间围绕在中心空间周围，这些次要空间可以由相似或不同的单一空间组成。中心空间承担行为、交通或象征的中心，次要空间则承担辅助的目的。

中心空间一般表现为规则的几何形式，尺寸往往要大得足以将次要空间集结在一起（图 2.65）。

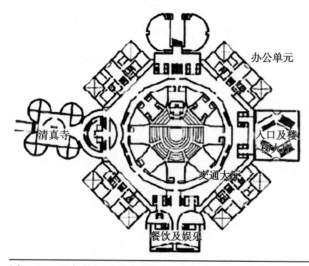

办公单元

清真寺

入口及楼梯大厅

交通大厅

餐饮及娱乐

图 2.65　孟加拉国议会大厦

（2）长轴式框架

长轴式框架是一种序列式的空间框架，其特征如其名称那样强调长向，表达一种方向性、运动感及增长的概念。长轴终止于主导空间或形体，也可融合于场地、地形。

长轴式框架一般有两种方式（图 2.66）：

贯空式：各单一空间相互连通，并排列成线状，路径一直贯穿各空间。

联结式：以线状的联系空间来联系各个单一空间，路径在单一空间之外。这种是最为常见的框架，建筑中的通道便是这种联系要素。当然联系要素的形状不拘泥于直线一种，亦可为折线、曲线等。

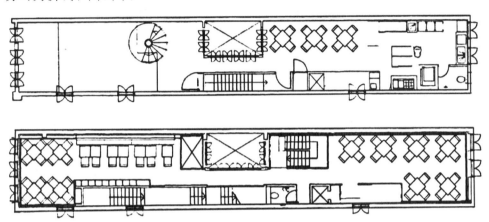

**图 2.66** 新加坡朱迪餐厅

莫玮玮 . 朱迪餐厅，内尔路，新加坡 [J]. 世界建筑，2003 (01): 74-77.

（3）辐射式框架

辐射式框架是从一个集中的中心出发的多个长轴体系。与集中式相反，辐射式是外向式框架，它各伸展的"翼"通常与周围空间环境相适合（图 2.67）。

辐射式的中心空间也常为规则的形状。以中心空间为核心的各翼在长度和形式方面常依照环境条件的变化而变化，但应保持整体组合的规则性。

风车形平面是辐射式框架的特例，它的各翼沿正方形或规则形状空间的各边向外延伸，形成具有运动感的图形，在视觉上产生旋转的联想（图 2.68）。

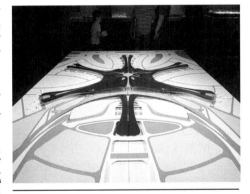

**图 2.67** 北京大兴国际机场

（4）单元式框架

单元式框架通过几个格式相同或类似的空间组合单元的联系而形成整体，这些格式空间具有类似的功能，并在朝向及形状上具有共性。各单元具有类似集中式组合的联系，但不一定具有明确的中心单元。单元内部也趋向于紧凑的集中组合，不一定具有规则的中心空间（图 2.69）。

与单元式的形体框架一样，单元式空间框架也包含了空间的可增长性、整体和局部的同构性等概念。在空间布局上，单元式具有灵活、随机性等特点。

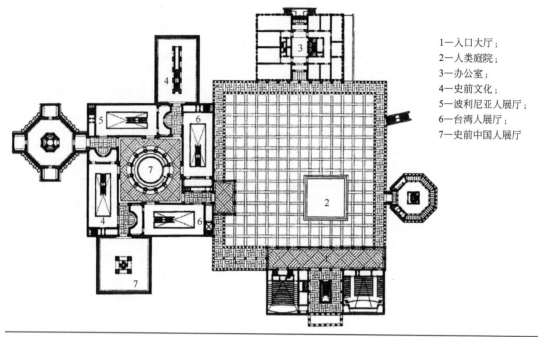

1—入口大厅；
2—人类庭院；
3—办公室；
4—史前文化；
5—波利尼亚人展厅；
6—台湾人展厅；
7—史前中国人展厅

图2.68 台湾史前博物馆

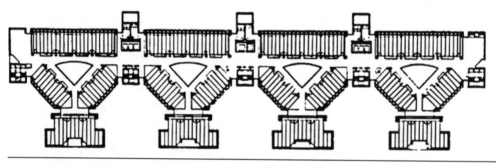

图2.69 瑞士哥特哈德银行（马里奥·博塔 设计）
卢加诺，哥特哈德银行，瑞士 [J]. 世界建筑，2001 (09): 36-39.

（5）网格式框架

网格式框架将空间或空间单元归整为统一的三度匀质体系。网格的组合力来自图形的规则和连续性。网格图形在空间中确立了一个由参考点和参照线所联结而成的固定场位，以此确立共同的关系（图2.70）。

（6）混合式框架

多数建筑空间事实上没有明确的框架，而是在集中式与长轴式框架之间转换与交替。中心空间多形成交通功能和象征意义的"厅"，而长轴则形成联系各单一空间的"通道"。这种混合式框架不必追求明确的规律性，但集中与长轴两种基本的组织方式则是基本的要素，它们在局部中占据主导地位（图2.71）。

## 3. 空间组合的处理手法

建筑室内空间组合的处理手法多种多样，其中最基本和常见的有以下几种。

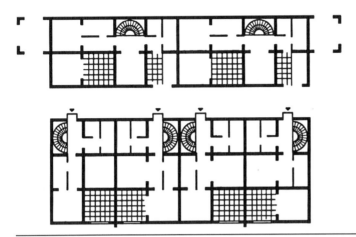

**图 2.70 维也纳模楼住宅**

海因茨·矮克哈特，刘小波.维也纳模数住宅.奥地利 [J]. 世界建筑 .2000 (05): 44-45.

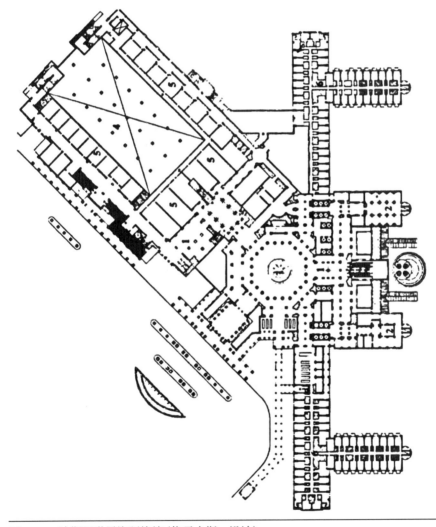

**图 2.71 迪斯尼世界海豚旅馆（格雷夫斯 设计）**

迪斯尼世界天鹅旅馆和海豚旅馆 [J]. 世界建筑导报，1996 (Z1): 100-106.

（1）分隔与联系

建筑的室内空间组合从一定意义上说，就是根据不同的设计要求，对空间在水平与垂直方向上进行灵活的分隔与联系，使空间能够更好地满足人们各种活动的需要。空间的分隔与联系对空间设计的整体效果起着决定性的作用，采取什么样的方式，既要根据空间的性质特点和使用要求，又要考虑到空间的艺术特点和人的心理需求。

空间的分隔与联系可以分为三个层次：室内外空间的限定、内部各空间的限定和同一空间不同部分的限定。

首先是室内外空间的限定，如建筑的外墙、入口、天井、内部庭院等，都与室外空间紧密地联系。如何使室内与室外空间既划分有序，而又相互融合，体现出室内外空间的相融共生的关系成为设计的重点。

其次是建筑内部各空间的限定。我们既要使建筑内部空间的功能安排合理，同时还要进一步考虑空间给人的精神感受。空间的私密与开放、静止与流动、过渡与引导、序列与秩序等，都是通过具体的空间分隔与联系的手段来实现的。

最后是单一空间内部的再限定，可以通过内部的装修、家具的布置、陈设的摆放等方式来进行。

应该注意的是，上面所说的几个层次的划分是相对的，它们既有区别又有联系，应该统一在建筑空间组合的整体设计与风格创造中。

室内空间的分隔包括竖向分隔与横向分隔两种基本形式。竖向分隔又可以分为通隔与半隔。所谓通隔，就是分隔面从地面直通天棚；半隔则指分隔面只占据纵向空间的一部分。分隔面可以是实面，也可以是虚面或透明材料。横向分隔由于分隔面高低与大小的不同，效果也不一样。竖向分隔的形式有竖断、围合等方式；横向分隔则有凸起、凹陷、架空、覆盖、肌理变化等（图 2.72）。

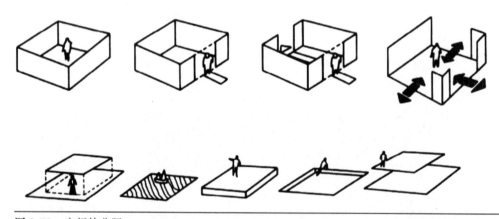

图 2.72　空间的分隔

空间分隔的限定主要通过面的限定进行，实面与虚面在限定程度上差异很大。通透者，隔中有联，主次有秩；显露者，显而不通，实隔而意通。具体实施的办法有开洞、半隔、透过等。开洞既有上中下位置变化，也有形状及大小的变化。半隔的空间之间既有明确的限定，相互又是连通的。通常多采用透射率或反射率高的材料或漏花做法，如花墙、格栅、半透明的玻璃……显而不明，透而不通，反而具有更大的诱惑力（图 2.73）。

空间的分隔与联系的手段多种多样，主要包括以下几种：

承重构件的分隔，如墙、柱、楼板及楼梯等，这些都是对空间的固定不变的分隔因素，因此在空间组合处理时应特别注意承重结构构件的影响（图2.74）。

非承重构件的分隔，如轻质隔断、帷幔、装饰构架、家具、绿化、照明以及水平面的高差、色彩与材质的变化等，都可以起到空间的分隔与联系作用（图2.75）。

设计时应注意构造的坚固性和装饰的整体性，并精心安排各构件的高度和虚实强弱的变化，创造出自由灵活、虚实得宜的良好内部空间环境。

（2）对比与变化

室内空间在形式上会出现各种各样的差异，差异越大，对比就越强烈，会使人们在从此空间进入到彼空间的过程中体验到鲜明的特点，并引起心理的变化和快感。对比与变化可以通过形状、体量或尺度、空间的开敞与封闭、方向、色彩、肌理等手段来达到，主要包括以下几方面：

① 形状对比

形状对比指两个以上形状的空间组合在一起，在某一程度上产生差异性，从而引起视觉与心理上的对立感。在不同形状的空间对比时，较特异的形状容易成为重点。当然，空间的形状与空间的功能存在着必然的联系，我们必须在功能允许的情况下来适当变化空间的形状，取得空间变化的目的与效果（图2.76）。

图2.73　日本仙台媒体中心的半透明墙体

图2.74　日本仙台媒体中心的"管柱"

图2.75　某室内梁柱与网架的分隔

② 体量对比

相邻的两个空间，如果在高低、大小方面相差较大，就会使人们在进入时引发情绪上的变化。比如由窄小低矮空间进入宽阔高大空间，会产生豁然开朗的感觉；反之则会使人产生压抑阴暗的感受。在实际应用中多采用"先抑后扬"的手法，先有意识地创造一个窄小空间，欲扬而先抑，一旦进入高大的主体空间，则会引发强烈激动与振奋，从而更有利于突出主体空间（图2.77）。

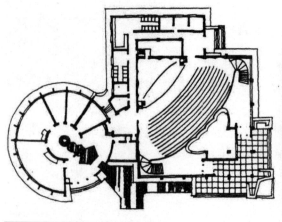

图 2.76　某市政府会议厅

图 2.77　曼彻斯特劳瑞艺术中心空间体量的对比

③ 开敞与封闭的对比

空间开敞与封闭的律动变化，为建筑内部空间带来丰富的多样性与迂回曲折的趣味性。空间的开敞与封闭取决于空间围合与封闭的程度，取决于界面高低虚实的变化。一般而言，采用虚的界面如多洞口或透明度高的材料，会使空间开敞明亮，心情开阔舒畅；而实的界面的运用，会使空间显得封闭安静，让人产生更强的私密性和安全感（图 2.78）。

④ 方向对比

具有不同方向的空间组合在一起，空间方向的改变会产生强烈的对比作用。如纵向空间显得深远，富有闭合感和期待感；横向或方形空间则呈现出更为舒展、宽阔的开敞感，与前进方向成直角的横向空间使人感到顾盼有情，容易成为主体空间；圆形平面的空间具有向心感，使空间具有凝聚力与向心力，容易成为视觉中心和主体空间（图 2.79）。

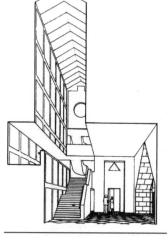

图 2.78　塔特美术馆室内一角
（斯特林作品）

（3）衔接与过渡

空间衔接与过渡，与空间使用功能和活动需要直接相关。比如进入居室前有小前厅作为缓冲地带，可以脱鞋、换衣，并提高家庭安全性与稳定性。影剧院、餐厅等公共建筑的主空间前设立过渡空间，既减弱了使用者由外入内明暗变化过于强烈的不适感，而且提高了使用规格和档次。有时过渡空间还起到功能分区的作用，作为动与静、净与污等不同功能区的过渡地带，此时过渡空间体现出实用、私密、安全、礼节、等级等多种性质。同时，过渡空间还与空间艺术形象处理有关。通过过渡空间，一方面会带来空间的收缩或扩张，从而产生抑扬顿挫的节奏感；另一方面通过欲扬先抑、欲明先暗、欲高先低、欲阔先窄、欲散先聚等手段的运用，会使人产生"柳暗花明又一村"的心理感受。

过渡空间作为内外、前后空间之间的媒介和转换点，无论是在功能还是在艺术创作上，都有独特的地位和作用。内外空间的过渡，多在入口处设置门廊。门廊作为一种开敞形式的空间和室内外空间的衔接体，兼有室内外空间的特点。前后空间的过渡，可以利用卫生间、楼梯间或辅助性空间的间隙，将过渡性空间例如过厅等插入。这样做一方面有利于节约建筑面积，另一方面可以通过过渡空间从主要空间进入次要空间，既保证了主要空间的完整性，又避免了从大空间进入小空间时产生过于突然的感受（图2.80）。

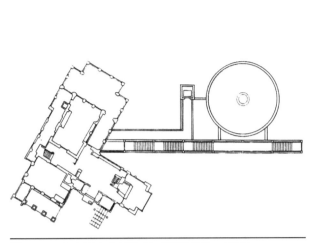

图 2.79　大山崎山庄博物馆（安藤忠雄　设计）

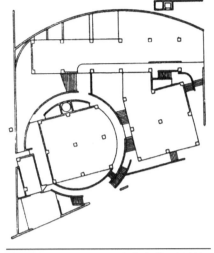

图 2.80　Collezione（安藤忠雄　设计）

　　有些建筑的内部空间因条件的限制或追求艺术效果，会在方向上有转折。在转折处布置过渡空间，可以避免内部空间硬性相接带来的不自然和生硬感，使空间效果既流畅而又富有变化（图2.80）。另外，有时顺应结构设计，可以利用两个大空间之间在柱网排列上设置的伸缩缝或沉降缝，巧妙地设置过渡性空间，既有效地利用空间，又使得建筑结构体系层次更加鲜明。

　　（4）重复与节奏

　　所谓空间重复，就是在空间的组合中反复使用一种或几种基本形。这种方法可以使室内组合空间有简洁、明晰的特征，同时可以创造空间组合的节奏感。空间的重复是相对于空间的对比而言，只有空间的简单重复，可能会使人觉得过于单调；而过多对比空间的运用，又会使空间显得杂乱无章。只有将对比与重复这两种空间组合手法结合在一起使用，使之相辅相成，才能使空间效果显得既统一而又富于变化。我们常常见到在西方古典建筑采用对称式布局的平面中，沿中轴线纵向排列的空间，多变换形状或体量，借对比求取变化；而横向排列的空间，则两两相对应地重复出现来取得统一（图2.81）。

　　最简单的重复形式是空间元素沿线形布置的模式。在空间的重复中并不需要所有的元素都必须完全相同，它们只要有同样的特征，允许每一个元素有其独特性却仍属于一个族群。这种空间组合冷眼看变化很大，其实都是母体空间的再现，因而具有良好的条理性和秩序性。比如著名建筑师贝聿铭设计的美国国家美术馆东馆，建筑外形以及内部空间都以三角形为母体，空间相互穿插叠合，既丰富而又充满和谐的韵味（图2.82）。

　　许多建筑内的各部分空间由于功能基本相同，自然地形成了空间的重复运用，比如学校、幼儿园、办公室（楼）等建筑，还有一些大型的公共建筑如图书馆、展览馆、会展中心等。这时候内部空间组合要注意：不要以一种简单的方式过多地重复，否则会使空间效果变得单调而又无趣。采用的办法一个是插入活跃元素，如采用过渡空间等打破这种简单的重复，或者加强部分空间的对比，求大同而存小异（图2.83）。另一种办法就是改变单一的排列方式，以获得韵律和节奏感，比如采用空间再现的方法。

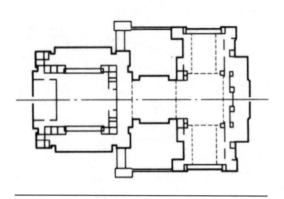

图 2.81　某教堂平面

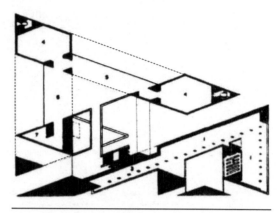

图 2.82　美国国家美术馆东馆（贝聿铭　设计）

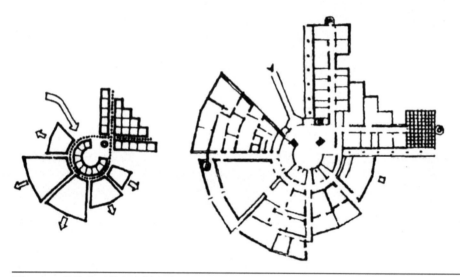

图 2.83　格拉茨圣彼得广播电台

格拉茨——圣彼得广播台 . 奥地利 [J]. 世界建筑 ,1983（03）:56-58.

　　空间再现是指在现代建筑中，我们会有意识地选择某种形式的空间作为基本单元重复地运用，每个单元并不一定要直接连通，可以与其他形式的空间互相交替、穿插地组合运用形成空间系列。人们在空间行进的连续过程中，可以感受到相同的空间单元有规律地交替出现，空间的起伏变化会产生强烈的节奏感和韵律感。而由于相同或相似的空间被分隔开来，人们不能一眼看出重复性而需要留心体验，进一步增强空间效果的趣味性（图 2.84）。

　　（5）引导与暗示

　　所谓空间的引导与暗示，是指通过空间处理，自然含蓄地使人在不经意间沿一定方向或路线依次进入另一个空间，以达到突出主体空间的作用。既便于人们到达，同时也可以让人感受到出其不意的空间效果。这种空间处理方式，避免了一览无余，产生了曲径通幽的效果，增强了空间的游赏性与趣味性。

　　空间的引导应根据不同的空间布局来组织，一般而言，规整、对称的布局常借助于强烈的轴线来形成导向。而自由组合的空间布局，空间相互环绕活泼多变，其引导方法常见的有以下几种：

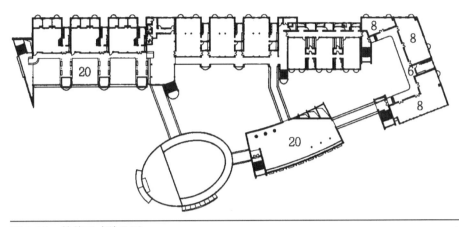

**图 2.84** 某单元式幼儿园

中国中建设计集团有限公司.建筑设计资料集第4分册教育.文化.宗教.博览.观演（第三版）[M].北京：中国建筑工业出版社,2017:10

① 利用空间的灵活分隔，暗示出另外空间的存在。在空间分隔中，减弱空间分隔的限定程度，运用开洞、半隔、透明以及一些象征性的分隔手法等，增强空间的流动性和可预期性，从而引导人们在期望的驱使下进入到下一个空间（图2.85）。

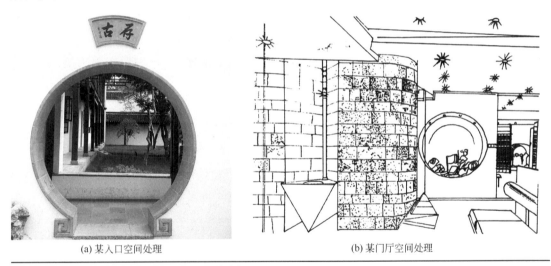

(a) 某入口空间处理　　　　　　　　　　　　　　(b) 某门厅空间处理

**图 2.85** 空间灵活分隔方式引导暗示另外空间

② 利用垂直通道暗示高层空间的存在。楼梯、踏步、电梯、坡道等由于本身所具有的方向性和功能暗示，诱惑着人们去发现阶梯另一端的天地。特别是一些特殊形式的楼梯，如旋转楼梯、景观电梯、自动扶梯等，具有更大的空间诱惑力，能够有效地将人流从低层引导步入到高层去，这也是许多商业建筑大量采用它们的原因之一（图2.86）。

③ 利用空间界面处理，暗示出前进的方向。带有方向性的空间界面，如墙面的色彩、线条，结合地面与天棚的装饰处理，可以有效地暗示和强调人们行动的方向，提高人们的注意力。因此室内空间界面的各种韵律构图和象征方向性的形象性构图，会使空间具有强烈的导向作用（图2.87）。

(a) 某室内景观扶梯

(b) 某室内旋转楼梯

**图 2.86　垂直通道方式引导暗示高层空间**

(a) 东京表参道某商店棚
顶灯光引导效果

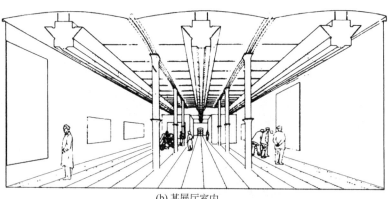

(b) 某展厅室内

**图 2.87　空间界面处理方式引导前进方向**

　　④ 利用曲线引导人流，暗示另一空间的存在。曲线或曲面形式，也就是通常讲的"流线形"，具有阻力小、流畅舒展、动感强的特点，为空间带来流动性和明显的方向性，引导人的视线与行为。用弯曲的墙面、蜿蜒的列柱与柜台乃至曲线形态的灯光等引导人流，会让人充满期待，起到顺畅、自然而然的导向效果（图 2.88 ）。

(a) 伦敦某办公楼曲面墙的引导效果

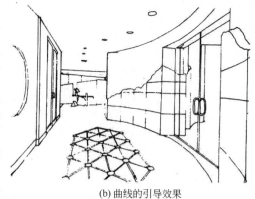

(b) 曲线的引导效果

**图 2.88　曲线引导暗示另一空间**

（6）渗透与层次

所谓渗透，就是指相邻的空间在视觉上相互连通、相互因借，呈现"你中有我，我中有你"之势。没有层次的空间，一目了然，会失之于单调，缺乏回味。有渗透才会有层次，才会有空间的流动。隔着一层或透过一个画框去看，这种带有模糊性的处理，较之全景更加优美动人。使人在步移景异中，通过不期而遇的空间体验，获取一份惊奇和愉悦。

在我国古典园林建筑中，常通过"借景"的方法来增强空间的渗透与层次，让人的视线超越空间的界限，获得层次丰富的视觉景观。国外很多教堂建筑的内部空间柱子成排，既很好地划分了中央主空间与两侧的附属空间，又促进了空间之间的流通与渗透。到了近代，由于框架结构的广泛应用，为自由灵活地分隔空间创造了条件。空间之间的连通、渗透，已经被大量运用在空间的创造中，使空间的流动性越来越强，层次也越来越丰富。

图2.89 美国费城自由钟展览馆的连续空间

获得空间渗透的方法通常有以下几种：

① 围而不闭

空间被分隔但不被围闭，空间之间可以相互为对景、远景或背景。模糊了空间之间的界限，增强了空间之间的连续性与流动性。比如将围合空间的面减少，将一个或两个面打开，都会达到空间渗透的目的（图2.89）。

② 横向连通

通过孔洞与缝隙扩张空间，并作为空间引申的手段，比如采用透空的隔断、墙上挖洞、列柱、连续的拱廊、透空的栏杆等来分隔空间，使被分隔的空间保持一定的连通关系，以利于空间的渗透（图2.90）。

(a) 斯德哥尔摩市政厅的拱廊

(b) 列柱分隔室内空间

图2.90 横向连通

③ 纵向连通

渗透既可以是水平方向的渗透，也可以是垂直方向的渗透。在垂直方向上经过合适的处理，也会形成上下空间相互穿插、渗透的空间效果。比如采用中庭、回廊、夹层等空间处理办法，都可以使纵向的空间互相穿插渗透得到充分体现（图2.91）。

(a)　　　　　　　　　　　　　　(b)

**图 2.91　纵向空间的穿插、渗透**

图 2.91（b）引自 Earl Carter, Peter Bennetts. Medibank 新总部，墨尔本柏克街 720 号 [J]. 建筑技艺，2016 (07): 56-63.

④ 透射与反射

采用玻璃等具有透射性能的材料使视线穿过，有效地限定了空间，既保证了内部小气候的稳定，又保持了视线的连续性。利用镜子等反射材料，将相邻空间的景色引入，扩大了景域，尤其适用于面积紧张的小空间（图 2.92）。

(a) 东京表参道某商店的镜面玻璃

(b) 玻璃的投射

**图 2.92　透射与反射**

（7）序列与秩序

所谓空间的序列，简单地说就是指空间的先后次序，即为了展现空间的总体秩序或者突出空间的主题而创造的空间组合。空间序列的安排通常应该以活动过程为依据，人们在空间中的运动是一个连续的过程，因而空间的连续性和时间性的有机统一就成为空间序列的必要条件。同时空间序列的创造还要考虑到人在空间内活动的精神状态，通过艺术手段的处理，使人在行进过程中获得良好的视觉效果和空间体验。

一个较复杂的空间组合的序列，往往分为几个阶段：前奏、引子、高潮、尾声等。前奏是序列的起始与开端，引起人的注意并指向到后序空间中去。引子是前奏后的展开与过渡，对高潮的出现具有引导、酝酿、启示与期待作用。高潮是整个序列的中心与重心，是序列的精华与目的，应充分考虑到期待后的心理满足并将情绪激发到顶峰。尾声以从高潮恢复到正常状态为主要任务，好的尾声会使人在高潮后充满回味，景断而意未尽。

不同的空间性质、规模和环境等因素，决定空间序列设计手法的不同。序列的布局、长短、高潮的选择，都直接影响空间序列的效果。

① 序列的布局

序列布局可以分为对称与非对称、规则与自由等基本模式。空间布局的线路，也有直线、曲线、迂回、循环、盘旋、立体等不同形式。空间性质直接影响空间序列布局的选择。通常追求庄严肃穆效果的建筑如纪念性、政治性以及宗教性等建筑，多采用对称与规则的布局形式（图 2.93）；而追求轻松活泼效果的建筑如观赏性、娱乐性以及居住建筑等多采用非对称与自由式布局（图 2.94）。

**图 2.93** 港澳中心大厦

港澳中心（建造方案）[J]. 建筑学报，1987 (10): 28-29.

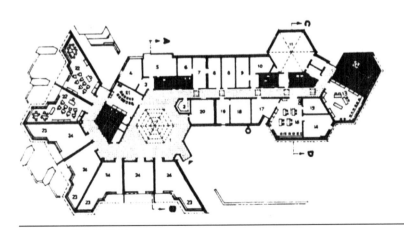

**图 2.94** 某旅馆平面

② 序列的长短

要根据空间类型、性质以及要达到的空间层次效果来选择。序列越长，高潮出现得越晚，空间层次也必然会越多。因此长序列的室内空间常常用来强调高潮的重要性、高贵性与宏伟性，如某些纪念性与观赏性空间序列。短序列的室内空间，则促进了通过的效率与速度，比如各种办公、商业、交通等公共建筑，应以快捷、便利为前提，空间的迂回曲折应尽量降低到最低程度（图 2.93）。

③ 序列的高潮

高潮应该以着重表现的、集中反映建筑性质以及空间特征的主体空间作为对象，使之成为整个空间序列的中心与精华所在。在长序列的室内空间中，高潮的位置通常在序列中偏后，以创造丰富的空间层次和引人入胜的期待效果。而短序列空间由于空间层次少，往往使高潮很快出现，应安排在最重要的位置，例如商业建筑常将高潮放在建筑的入口或室内空间的中心处，以引发出其不意的新奇感和惊叹感。为了更加突出高潮，高潮前的过渡空间多采用对比手法，如先抑后扬、欲明先暗等，从而强调和突出高潮的到来（图 2.95）。

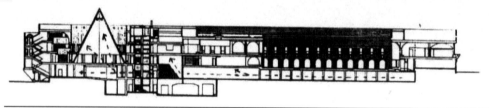

**图 2.95**　耶路撒冷高等法院剖面

前面提到的几种空间处理手法，虽然都有相对的独立性，但就整个空间序列而言，还是属于局部性问题。如果空间没有一个整体秩序，无疑会成为一盘散沙。内部空间序列的组织，实质上是对各种内部空间组合处理手法的综合运用，其目的就是将空间组织成为一个具有整体感的、连续中有节奏、统一中有变化的丰富的空间集合。

# 第三章

# 建筑外环境

建筑设计不可能不面对"环境"的问题：一方面，每一幢建筑都必然属于一个特定的环境，凭借自身固有的特征与这个特定的环境保持良好的共生关系；另一方面，新建筑又在不断地改变着原有的环境，使新环境能够满足不同时期人们的实际生活需要。因此，从环境的角度来看，人类的建筑活动是在寻求着顺应环境和改造环境的合理的平衡。

## 第一节 建筑外环境的基本概念

### 一、环境与建筑外环境

我们所说的环境通常是指相对于人的外部世界。环境的含义范畴十分广泛，有生态意义、景观意义上的，也有政治、经济、文化意义上的。在对环境问题的研究中，不同的学科领域一般都有着自己的概念界定和研究重点；同时随着人类社会的不断发展和人类活动领域的日益扩大，"环境"的概念范畴也不断增添着新的内涵。

从建筑学领域来说，所谓的环境一般是指城市景观环境，它主要包括自然环境和人工环境两个部分。自然环境就是指自然界中原有的山川、河流、地形、地貌、植被及一切生物所构成的地域空间；人工环境是指人类改造自然界而形成的人为的地域空间，如城市、乡村、道路、广场等。自然环境和人工环境协调发展构成的城市景观环境是城市内比较固定的物质存在物，与人们的日常生活息息相关。在这里人们根据自己的喜好选择环境，也时时刻刻在改造环境，使各种环境更适合当代人的生理、心理需求。

所谓建筑外环境，是指建筑周围或建筑与建筑之间的环境，是以建筑构筑空间的方式从人的周围环境中进一步界定而形成的空间意义上的环境。例如，公园、广场、庭院、街道、绿地等都是为满足人们的某种日常行为而设置的建筑外环境。整个城市环境就是一系列建筑外环境的集合。在外环境中建筑往往扮演着重要的角色，但更重要的是，它是作为外环境的有机组成部分而存在的。建筑外环境还包括硬地、水体、绿化和环境小品设施等，它们和建筑物一起构成了建筑外环境的基本部分。

### 二、建筑外环境的形成

建筑外环境并不是无止境的自然空间，而是人们创造的人为环境。芦原义信在《外部空间设计》一书中指出：外部空间的产生是从人们在自然当中限定自然开始的，它与无限伸展的自然不同，是由人创造的有目的的外部环境，是比自然更有意义的空间。例如在平淡无奇的土地上做一道墙，这道墙便分割了空间，出现了一个适合于恋人凭靠倾谈的空间。再如，旷野中的一棵参天大树只是大自然的美丽景致，而铺装广场上的绿树则为人们创造出了适合于聚集交流、遮阳休息的外部空间（图 3.1、图 3.2）。

建筑外环境是随着人类建筑活动的开始而产生的。当原始人开始建造粗陋的住屋时，外环境也随之出现了，并随着人类建筑活动的复杂化而逐渐变得丰富多彩。实际上，外环境的形成和发展要受到政治、经济、科学、技术、文化、意识形态等诸多因素的影响，是一个漫长的过程。同时，在

**图 3.1** 一段墙壁的出现使人的活动有所依托
（日）芦原义信 . 尹培桐，译 . 外部空间设计 [M]. 北京：中国建筑工业出版社，1985: 4.

具体的设计中还要考虑自然条件、城市文脉、使用者的特殊要求等一些因素的制约作用。正是这些主客观制约因素的不断变化，影响着建筑外环境的形成，并推动其一步步走向完善。

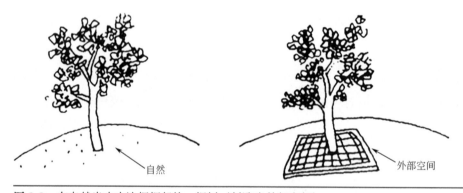

自然　　　　　　　　　　　　　　　外部空间

**图 3.2** 在自然当中由边框框起的一棵树（创造出外部空间）

### 三、建筑外环境设计的类型

建筑外环境设计是建筑设计过程中的重要内容，由于制约建筑外环境形成的因素比较复杂，使得在实际的设计过程中常常面临不同的情况。因此，在设计过程中明确设计对象和应考虑的范围、合理确定外环境的规模和各个阶段的任务显得尤为重要。为了便于后面的研究，在这里我们以外环境的空间形态作为主要出发点，把外环境设计对象划分为三类：

（1）单体建筑外环境

外环境是因建筑占领、构成空间所形成的。在建筑没有铺满基地情况下，建筑师在进行建筑设计时一般都需要对外环境有统一的考虑。如通过绿篱、花坛相隔，或者运用不同的铺地以达到内外环境的区分，形成一个相对独立主要为内部人员使用的外部环境。

（2）组团建筑外环境

外环境是因组团建筑围合而构成空间所形成的，其代表是街道和广场环境。

（3）群体建筑外环境

这类建筑外环境涉及的范围比较广泛，其中又可以分为两类：一类具有独立性较强的

特点，如居住小区、学校校园等；另一类混合于城市环境之中，公共性较强，如中心办公区、商业区等。

这三类外环境从尺度上看逐渐扩大，大尺度的环境往往包含着小尺度的环境。一般情况下需要先进行群体或者组团建筑外环境设计的总体规划，再分为单体建筑外环境逐一实施。我们在本书中主要探讨与前两类建筑外环境相关的内容，并主要从建筑构成空间的角度出发来进行分析，即对建筑外部空间形态的研究作为本书的主要出发点。

# 第二节　建筑外环境的构成要素

在外环境中，能让人们感受到的每一个实体都是环境的要素，比如草坪、花坛、铺地、水池、座椅、雕塑以及环绕周围的建筑……也正是通过这些实体要素不同的表现形态和构成方式，使人们获得了丰富多彩的生存环境。这些环境要素作用于人们的感官，让人们感知它、认识它，并透过其表现形式掌握环境的内涵，发现环境的特征和规律。

在建筑内部空间的探讨中，我们将构成建筑内部空间的实体要素分为三类，即顶面、基面和墙面。如果以同样的方式来分析建筑外部空间，我们会发现构成外部空间的实体要素只是缺少了顶界面。因此，也有人将外部空间称为"没有屋顶的建筑"。这样，基面要素和围护面要素就成为外环境设计中的决定性因素，它们和若干外环境之中的设施小品要素一起组成了建筑外环境的实体三要素。基面要素按其表层的特征，可分为硬质基面和柔性基面。硬质基面是指铺装了人工材料的地面；柔性基面是指自然形成或运用自然材料构成的基面。围护面要素相当于内部空间构成中的墙壁，用于围合或分割空间，如建筑、围墙、绿篱、水幕等都可以作为围护面要素而存在。可见，在进行外环境设计时，除了各种建筑要素，还比内部空间多了绿化、水体和山石等自然形态的构成要素。由此可见，构成建筑外环境的实体要素主要包括：建筑、场地、道路、水体、绿化、小品与设施等。

## 一、建筑

建筑外环境是研究建筑周围、建筑与建筑之间以及空间中的各类物体共同形成的环境。因此，环境中建筑的形态、尺度以及它们之间组合方式的变化，直接关系到所构成的外部环境的性质和空间形态的基本特征，同时也为其他外环境实体要素的设计提供了依据。

### 1. 建筑与外部空间形态

建筑外环境的空间形态非常复杂，在具体的设计过程中为了能够明确设计对象及相关因素，可以从建筑与其所构成的空间特征出发，将建筑外环境分为五种典型形态（图3.3）：

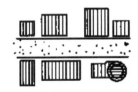

**图3.3**　五种典型的外环境类型

钱健，宋雷. 建筑外环境设计 [M]. 上海：同济大学出版社，2001：15.

① 单体建筑围合而成的内院空间；

② 以空间包围单幢建筑形成的开敞式空间；

③ 建筑组团平行展开形成的线形空间；

④ 建筑围合而成的"面"状空间；

⑤ 大片经过处理的地带，远离建筑又不同于自然的空间。

但通常我们所见到的外环境并不都具有如此典型的空间特征。常常一些外环境的空间形态介于两种典型形态之间，另一些则可能是几种典型空间的组合。

### 2. 外环境中建筑的作用

建筑以各种方式组织起来形成外部空间，这些建筑可以作为围合要素、分割要素、背景要素；主导景观、组织景观、围合景观以及充当景框、强化一些空间中的特征等。下面我们将针对其中两种主要的作用进行讨论。

（1）外环境的标志

当外环境中的建筑只有一幢时，通常是作为中心性要素而出现的。在这种情况下，建筑作为主体控制着整个环境空间，成为外环境中的景观中心和视觉焦点（图3.4）。

为了突出建筑作为环境主体的特征，对建筑形式和尺度的把握显得尤为重要。通常，建筑是雕塑式的、纪念碑式的，具有鲜明的标志性。当它的形象与该形象的逆空间之间没有渗透作用，二者的形象共同取得均衡时，其标志性越发显得突出，对环境的控制作用也越强。而如果有扰乱逆空间的其他形象在其附近出

图 3.4　哈尔滨圣索菲亚教堂广场中的主教堂

现时，二者的均衡会有所破坏，其标志性会有所削弱，但也会相应地增加灵活性和趣味性（图3.5）。由于单体建筑对外环境的控制是以自身为核心向外扩散的，所以外环境中建筑的尺度与它所能控制的环境范围有着直接的关系。一般来说，建筑的尺度越大它所控制的外环境范围也越广，但这必须在满足建筑的尺度与所处环境适宜的比例关系的前提下。尺度偏小的建筑难以控制住较大的环境范围，但建筑尺度偏大又会对外环境造成压迫感，同时也容易失去观赏主体建筑的最佳视点。根据芦原义信在《外部空间设计》一书中的分析，人的眼睛以大约60°顶角的圆锥为视野范围，这样，建筑物与视点之间的距离（$D$）同建筑高度（$H$）之比 $D/H=2$，仰角 $=27°$ 时，可以较好地观赏建筑；当 $D/H < 2$ 时，就不能看到建筑整体了（图3.6）。

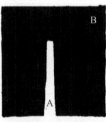

图 3.5　建筑形象与其逆空间的关系

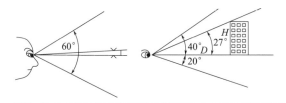

**图 3.6** 建筑高度（*H*）、视距（*D*）及视角（°）的相互关系示意图

图 3.5、图 3.6 引自（日）芦原义信 . 尹培桐，译 . 外部空间设计 [M]. 北京：中国建筑工业出版社，1985: 25.

（2）外环境的边界

在外环境中两幢建筑同时出现时，二者之间就开始有干扰力量在起作用，会造成相对有封闭感的空间；如果这两幢建筑外墙面凹凸复杂，由外墙构成的阴角空间就可以造成各种有趣味的角落；而当组合的群体建筑由两幢以上的建筑单体构成时，建筑单体的形体、尺度以及它们之间组合关系的不同，就会使得建筑物之间的空间更加富于变化（图 3.7）。在组团建筑外环境中，建筑对外部空间形态具有决定性作用。由建筑组合形成的最为确定的外环境边界，创造出从周围边框向内收敛的外部空间，同时也将该环境与其他相邻的外环境明确地划分开来。

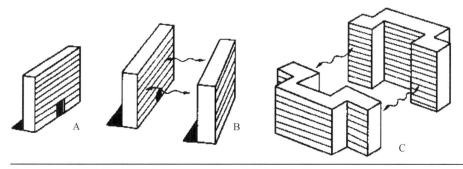

**图 3.7** 从单幢建筑到形体复杂的两幢相邻建筑的外部空间

（日）芦原义信 . 尹培桐，译 . 外部空间设计 [M]. 北京：中国建筑工业出版社，1985: 28.

在建筑组团围合而形成的建筑外环境中，建筑既是主角又是配角。一方面外环境的空间形态依赖于"建筑边界"的存在，另一方面在实际的使用过程中，人们更关注的是由这些边界围合而成的"空间"的质量。以意大利中世纪的城市广场为例：锡耶纳的坎波广场是从 11 世纪末开始，经过两个世纪发展起来的，周围五六层的建筑包围着中央扇形的广场，九个扇形部分向广场的主体建筑倾斜，形成了一个适合于举行活动的布局。广场周围的建筑群，其高度和窗子的比例形形色色，但又呈现出"多样的统一"，而建筑所围合的外部环境真切地给人以"没有屋顶的建筑"的感觉。在这里，人们休息、交谈、饮酒、娱乐，绝大部分时间都在这个室外的"起居室"度过。这时已经很难分清究竟是建筑还是建筑所围合的空间是外环境中的主体了。

在组团建筑外环境中建筑高度（*H*）与相邻建筑间距（*D*）的比例关系，对外部空间形态具有重要影响。根据芦原义信在《外部空间设计》中提出的观点：以 *D/H*=1 为界线，是空间品质的转折点。随着 *D/H* 比 1 增大，即呈远离之感；随着 *D/H* 比 1 减小，则呈迫近之感；*D/H*=1 时，建筑高度与间距之间有某种均匀存在。但当 *D/H* > 4 时，建筑互相间的影响已经十分薄弱了；而当 *D/H* < 1 时，两幢建筑开始互相干扰，再靠近就会产生一种封闭

的感觉。因此，当广场的宽度（$D$）与周围建筑物的高度（$H$）之比大于等于 1 且小于 2 时，即 $1 \leqslant D/H < 2$，为具有围合感的宜人尺度（图 3.8）。

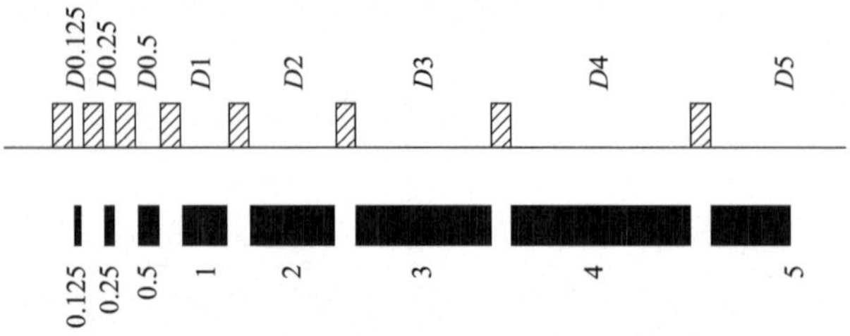

**图 3.8**　$D/H=1$ 是空间构成上的转折点（$D$ 为相邻建筑间距，$H$ 为外环境中建筑高度）

（日）芦原义信 . 尹培桐 译 . 外部空间设计 [M]. 北京：中国建筑工业出版社，1985：28.

## 3. 建筑小品

在建筑外环境中还有一些建筑物或构筑物，它们的功能单一，尺度较小，不足以对整个外环境起到控制作用，但却常常是局部空间的视觉焦点或者在局部空间的围合和划分上起着重要的作用。如绿地中的凉亭，如果单纯从环境景观的角度来看，它们的作用有点类似于雕塑，在外环境的局部起到点景的作用；而花架、连廊则在局部空间处理中对划分空间、围合空间、引导人流、形成对景等方面起着重要的作用。由于这些建筑小品既可以满足一定的使用要求，又能够增添空间层次，活跃空间氛围，因此也是外环境中很重要的构成要素（图 3.9）。

**图 3.9**　伦敦河边的小亭子

在外环境设计中建筑的形式和组合方式的变化对外环境的性质、空间形态、功能使用等诸多方面都起着决定性的作用，但反过来外环境也制约着每一幢单体建筑的形成，其中所要考虑的问题十分庞杂，有关内容我们将在以后的章节里再作详细介绍。

## 二、场地

广义的"场地"涵盖的范围十分广泛，可以用来指基地内所包含的全部内容所组成的整体，而在这里，场地是用来特指外环境中硬质铺装的地面，是供人们聚集、停留的室外活动场地。

## 1. 场地的分类

一般来说，人们的每一种室外活动都需要有相应的活动场地与之相适应。例如，市政广场是公众政治集会的地方，重大的庆典活动通常会在这里举行；休闲娱乐广场具有欢乐、轻松的气氛，用来满足人们文化交流、观赏、表演、休憩等活动的要求；儿童游戏场配合各种儿童游乐设施，是孩子们最喜欢的活动场所。因此，按照场地使用性质的不同，可以将其简单地划分为诸如市政、纪念、文化、宗教、商业、交通、体育、休闲等以满足某一类活动为主的专用场地，以及集多种使用功能于一体的综合性场地。

如果按照规模和其在城市结构中的作用，场地可以分为下面三类：

（1）城市广场

城市广场通常位于城市的重要部位，是公众特定行为的集中地，在广场的周围常建有重要的公共建筑，使得其成为城市结构中的重要节点。城市广场是体现城市特色的窗口，常常当人们看到了富有个性的广场后，就会对所到过的城市产生深刻的印象，如意大利的罗马就以其众多的广场而举世闻名（图3.10）。

（2）街头小广场

街头小广场是城市道路的派生场地，是城市道路与建筑领域之间增设的必不可少的缓冲空间。它可以是建筑后退出来的前庭；也可以是斜路相交的剩余空间；可以是人流的集散点，也可以是路旁的行人休息场所。小广场的面积一般不大，但形式多样，可"见缝插针"。它们如同城市的呼吸器官，使建筑密集的地方具有了"透气"的空间。街头小广场的主要功能是方便附近的居民户外生活，为此，这类广场在面向街道的同时，背后通常有建筑或绿化围合，以令人感到有所依靠（图3.11）。

图3.10　意大利圣马可广场

图3.11　罗马街头休憩场地

（3）建筑周边场地

建筑周边场地是指有独立领域的一些单体建筑周围的场地或其内院。这类场地一般相对独立，在设计中常运用围墙、绿篱、花坛相隔，或者运用不同的铺地以达到内外环境领域的区分。也有一些时候场地是开放的，与周围的其他场地形成紧密的联系（图3.12）。

(a) 德国维尔兹堡某建筑前小广场

(b) 淮安市城市博物馆、图书馆、文化馆、美术馆前广场.程泰宁.
中国建筑设计年鉴：2017[M].沈阳：辽宁科学技术出版社，2018：29-36.

图3.12　建筑周边场地

## 2. 场地的形态

场地的形态一般可分为两种：规则的形态和不规则的形态。

（1）规则的场地

规则的场地是大型广场经常采用的形式，它具有理性的秩序，给人以崇高、庄严、肃穆的感受，但也容易产生空旷、单调、缺少人情味的缺点。所以，在设计中通常采用空间的划分、层次感的创造以及规则的形态中包含不规则要素等方法，以丰富场地给人的视觉与心理感受（图3.13）。

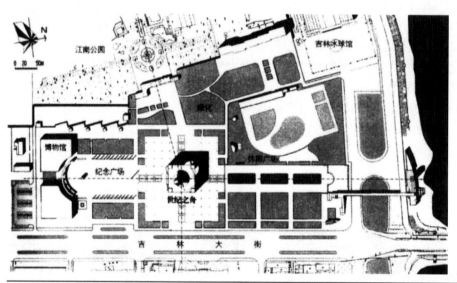

**图3.13** 吉林世纪广场总平面（赵伟峰　绘）

（2）不规则的场地

不规则的场地如果只是轻微的，通常并不易察觉，但两边不平行的建筑可使人产生错觉——将远景拉近或推远，产生特殊的空间感受。随着不规则程度的加剧，带给人的是活跃、新奇、丰富和富有动感的感受，易于形成富有魅力的空间。但也应注意过于不规则的形态，可能反而给人以琐碎、凌乱、没有秩序的感觉，也不利于实际的使用。所以，虽然不规则的场地所带来的空间环境可能比规则的更有趣味，但形状的变化不是凭空想象出来的，更不是追求新奇的结果。在实际的设计过程中，应在综合基地的地形、地貌、广场的性质、与城市的总体关系等因素的前提下巧妙构思，寻求变化（图3.14）。

**图3.14** 德国维尔兹堡某建筑前自由的曲线道路打破了方形院落带来的单调感

场地的规则与不规则也是一个相对的概念，在实际的设计过程中，规则的处理与不规则的处理常常相结合出现。另外，除了场地自身的形状，到达广场的周围道路，或汇集或穿越，其数量、宽度及联系方式对广场的形态都会产生一定的影响（图3.15）。

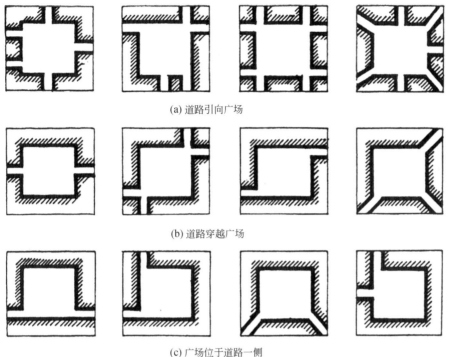

(a) 道路引向广场

(b) 道路穿越广场

(c) 广场位于道路一侧

**图 3.15** 道路对场地形态的影响

钱健，宋雷 . 建筑外环境设计 [M]. 上海：同济大学出版社，2001：51.

## 3. 场地的设计

（1）场地尺度与规模的设置

场地的大小不仅是客观的长度尺寸，还与人的主观感受密切相关。比如，在中国古典园林中经常采用"欲扬先抑"的空间组织手法，使人先经过一系列狭小的空间，然后豁然开朗，进入庭园的主要空间，这时人们感受到的院落的尺寸往往比实际的大。同样，如果场地的分区细腻，空间层次丰富，给人的感受也会更加深远，比实际的尺度大。此外，周围建筑的尺度、光线的明暗、围合界面的处理等都会对广场的尺度感产生影响。不过，人们根据经验还是可以提出一些可供参考的设计依据的。卡米洛·希泰（Camillo Sitte，1843—1903）指出，欧洲古老广场的平均尺寸为 142m×58m，这个尺度具有良好的围合感。芦原义信则根据研究提出了"十分之一理论"，即适宜的外部空间的尺寸大致等于相应的室内空间尺寸的 8～10 倍。比如，2.7m×2.7m 是温馨的二人居室的合适大小，而21.6m×27m 的外部空间同样让人感到舒适、亲切。芦原义信用同样的方法推出室外公共性广场的尺寸是 180m×72m，这与卡米洛·希泰提出的尺寸很接近。

（2）场地中的高差设计

有效地利用地面的高差是场地设计中最常见的手法之一。利用高差可以自由地切断或结合几个空间，明确地划分各个领域的界限。同时，这种划分空间的方式不同于垂直界面的分隔，空间往往隔而不断，更加灵活（图 3.16）。

当低于地平面的高差加大到一定程度时，就形成了下沉广场，它具有与竖起墙壁同样的封闭效果，在喧闹的城市环境中获得闹中取静的空间感受。在下沉广场的设计中要掌握好它的尺度，既要有围合感，又不应让人觉得像是掉在"井"里。周围大片实墙的空间会使人感到冷漠而不愿停留，需要加以分段处理，如设置花坛、垂直绿化等。下沉的高度也需精心设计，可以下去一二层，也可以只下去几步台阶。在人流过往频繁的街道旁，几步台阶的下沉广场也是很受人欢迎的（图3.17）。

**图 3.16** 下沉亲水活动空间

**图 3.17** 圆形下沉广场内向型的空间形态

在场地设有高差的情况下，联系各个高差的踏步和坡道的设置也十分重要。芦原义信指出：如果有两个不同水平面的空间分别为 A、B，且 A 比 B 高，联系 A、B 的踏步或坡道基本上有三种方法（图3.18、图3.19）。第一种是踏步进入 B 领域；第二种是踏步进入 A 领域；第三种是踏步进入既不属于 A 又不属于 B 的中间性 C 领域。这乍一看似乎很简单，可是从外部空间布置的领域性来考虑，则是极为本质的问题。而且，连接 A 领域和 B 领域时，踏步的具体位置和宽度的确定也是设计中需重点考虑的问题。总之，结合地形地貌特征灵活设置踏步，能够创造或雄伟庄重，或亲切细腻，或一目了然，或时隐时现的不同氛围（图3.20）。

（3）场地的铺装

丰富细腻的地面铺装，能使一大片平淡的场地变得生动起来，产生亲切感，创造出具有特定表情的空间。铺地首先具有功能性，不同的地面铺装可以适合人们诸如集会、观赏、停驻、行走等不同的行为要求（图3.21）；铺地可以起到划分空间的作用，虽然这种划分作用比较微弱，但不同的铺地可以区别不同的场地，从而对人的行为产生规范、引导作用（图3.22）；铺地具有装饰性，既能美化整体环境，也能对局部的建筑、小品、雕塑等起到衬托作用。同时，不同风格的铺装地面具有不同的性格，可以给人带来不同的心理感受。

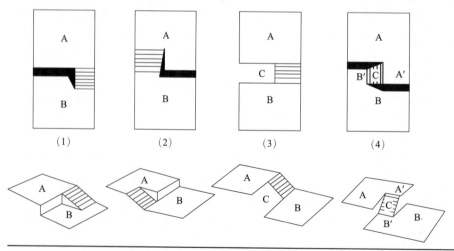

**图 3.18** 以室外踏步联系两个不同水平面的空间

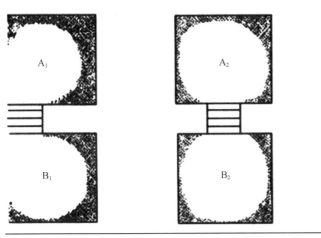
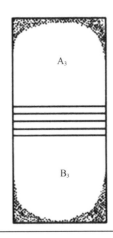

**图 3.19** 连接 A、B 两个空间的室外踏步的位置

图 3.18、图 3.19 来自（日）芦原义信.尹培桐,译.外部空间设计 [M].北京:中国建筑工业出版社,1985:76.

**图 3.20** 结合自然地形设置不同高度踏步

**图 3.21** 德国霍尔兹堡某建筑不同地面铺装适合不同行为　**图 3.22** 营口海边不同的铺地对人的行为产生引导

图 3.21、图 3.22 来自肖璐瑶.公共绿地多维场地景观设计研究 [D].华中科技大学,2019.

## 三、道路

　　道路支承的是流动的人群,使人们可以便捷地从一个空间到达另一个空间。在现代城市环境中,作为道路主干的城市干道往往更多地考虑车流快速运动的需求。随着主干道逐渐分支，道路变为次干道、支路、内部道路，服务重点才逐渐向人流倾斜。下面重点讨论一下外部空间中的步行道路系统。

## 1. 道路的容量

道路的容量主要是指道路的宽度，这主要取决于它所支撑的人流。在一片绿地中，宽60cm的石子路可引导单个人进入树林深处的水池旁；2m左右的道路可容纳一位男子与推着婴儿车的妇人擦身而过；而位于店铺之中的商业步行街的宽度则最好达到6m以上。

## 2. 道路的形态

从人们喜欢走捷径的心理出发，直线形是最理性的道路形式，它可以使行人快速、便捷地到达目的地。但有些情况下，行色匆匆的人会破坏游人的闲情逸趣，自然曲线的小径会使人的行走与环境更趋于和谐。有时，为了能带给人步移景异的感受，也需要设置曲线形的道路，增长游览的距离。所以，在实际的设计中直线形的道路与曲线形的道路经常相伴出现，以适应不同的需要，在便捷与情趣中寻求结合点（图3.23）。

图 3.23　曲路与直路的巧妙结合（金笑辉　摄）

## 3. 道路的设计

（1）道路的组织

外环境中道路组织形式的确立是实际的使用要求和场地的结构考虑双重作用的结果。从使用的角度来看，表达了场地内人、车运动的基本模式和基本轨迹；从结构的角度来看，为场地确立了一个基本的骨架。所以，尽管使用要求是结构形成的基础，但两者之间不是一一对应的关系，同样的功能要求可以形成不同的道路组织模式。而正是由于道路组织模式的不同，使得同一块场地可以产生不同的空间效果，形成不同的环境氛围（图3.24）。

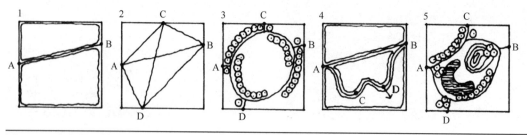

图 3.24　在便携和情趣中寻找结合点（赵伟峰　绘）

（2）道路的尺度感

虽然道路的宽度主要取决于它所承载的人流，但也不是一味地宽敞就好。过宽的道路一方面造成了一定的浪费，另一方面过大的尺度感也会使道路显得冷清，缺少人情味。对于商业步行街尺度的确立，除了考虑人们特殊的使用要求外，还应考虑两旁的建筑高度对道路空间的影响。合适的道路尺度应使人感到具有舒适的围合感，既不感到闭塞，又不觉得过于开敞。一般来说，两旁的建筑高度与街道宽度之比控制在（1∶1）～（1∶2）之间为宜，这样的空间具有相互包容的匀称性。当高宽比超过1∶0.5的时候会出现一种压迫感，而小于1∶2时会感到空间过于开敞。

（3）道路的铺装

道路铺装材料的选择主要决定于适用性、维护便捷程度、耐久性、价格、视觉效果等因素。道路中铺装材料的不同对人的行为具有暗示作用，例如光洁的路面引导行人快速通过，而砾石路则提示人们慢行，边走边看。路面铺装还常会通过材料的组合以增强引导性，创造空间的趣味性（图3.25）。

（4）道路的细部处理

在外部空间中道路常常作为划分空间的边界而出现，所以其细部的处理也十分重要。例如在设计中，常常在道路的边缘灵活设置绿化、水体或精致的路缘石，给道路镶上花边；沿道路间隔适当的距离设置凹入的小空间，结合座椅布置小巧的景致；在道路的转折点或相交处做特殊处理，增强空间的趣味性等（图3.26）。

图3.25 龙安寺前道路的引导性

图3.26 德国纽伦堡街头转角设置雕像

## 四、水体

水对人有着不可抗拒的吸引力，水面的粼粼波光总是给人带来无比的激动和快乐。自由之水是自然景观中的奇丽角色，在外部空间设计中要很好地保护并加以利用；人工构筑的水体也会给外环境增色不少，它的声音、动感以及扑面而来的清凉气息都提升了外环境的整体效果。

## 1.水体的形式

水体的平面形式可分为几何规整形和不规整形两种。西方古典园林的水体多采用几何规整形，追求一种具有韵律和秩序的美感。我国古典园林多采用不规则的水形，利用原有地势创造贴近自然的效果。

根据水面的闹静，一般可将水体分为动水和静水。静水的处理以倒影池为代表；动水的变化则形态各异——激流、涌流、渗流、溢漫、跌落、喷射、水雾，每一种都独具特色。在外部空间设计中，常常将动水和静水结合起来，共同构构空间。下面重点介绍水池、喷泉、瀑布三种理水形式。

（1）水池

水池是最常见的理水形式之一。从深度来讲，可以从深到浅地仅有表面一层水膜。平静的水池能把周围的建筑、树木的影像反射出来，形成清晰的倒影，从而使空间显得格外深远。由于水质的变化，水池可呈现出不同的色彩，并随着天空和周围景色的改变而变换出新的面容（图3.27）。

根据规模的大小，水池可分为点式、面式和线式三种形式。点式在外环境中起到点景的作用，往往成为空间的视线焦点，活化空间。其布置方式也比较灵活，可以单独设置，也可和花坛、平台或其他设施相结合（图3.28）。面式是指在外环境中能起到控制作用的面状水池，这里通常是景观中心和人们聚集的焦点。因此，在设计中如何设置踏步、浮桥、甲板形成水中漫道；如何与园林小品结合形成水中景观；选择什么样的堤岸形式把人与水面自然融合在一起等问题成为设计时思考的重点（图3.29）。线式是指细长的水面，有一定的方向，并有分化空间的作用。线性水面一般都采用流水，并常常与其他的理水方式相结合出现（图3.30）。

**图3.27** Hansol 博物馆与倒影

**图3.28** 小巧的点状的水池

**图3.29** 延伸向水面的步道

**图3.30** 线状的水体使空间具有一种方向感

（2）喷泉

喷泉以其立体、动态的形象，在外环境中成为引人注目的视觉显著点。在外部空间设计中以喷泉来组织空间，可以用其丰富而富有动感的形象来烘托和调节整体环境氛围，起到画龙点睛的作用。它可以是一个小型的喷点，速度不快，分布在角落；也可以是成组的大型喷泉，位于外环境的中央，表达壮观的气势。在现代喷泉设计中，常常利用高科技的手段通过调整水流形式和速度，创造出丰富多彩的喷洒形式，带来意想不到的效果（图3.31～图3.33）。

图 3.31　下沉庭院中的喷泉

图 3.32　哈尔滨索菲亚教堂前广场喷泉

图 3.33　曼彻斯特 picadilly gardens 的旱地喷泉

图 3.34　京都二之丸御殿院内仿自然瀑布

（3）瀑布

瀑布有多种形式，日本有关园林营造的著作《作庭记》把瀑布分为"向落、片落、传落、离落、棱落、丝落、重落、左右落、横落"等多种形式，不同的形式表达不同的情境。在瀑布设计中，还常常将瀑布设计与建筑小品、构筑设施结合起来取得特殊的效果。人工瀑布中水落石的形式和水流速度的设计决定了瀑布的姿态，使瀑布产生丰富的变化，传达不同的感受。人们在瀑布前，不仅希望欣赏到优美的落水形象，而且还喜欢倾听落水的声音，从隆隆的巨响到潺潺的细语都给人以美妙的心理感受（图3.34、图3.35）。

在外环境设计中，水池、喷泉、瀑布往往是结合在一起的，有时候它们共同展现在人们面前，有时则突出某一部分，根据不同的情况共同组成人们所需的水环境（图3.36）。

## 2. 水体的作用

（1）引人注目的景观焦点

在城市庭院、景观道路和城市广场中，丰富而有特色的水体能为整体景观增添许多典雅活泼、高潮迭起的效果。许多城市因其千变万化的喷泉和瀑布而自豪；哪怕是在极小的花园中，水都有其恰当的位置。

图 3.35　谢菲尔德火车站前广场的水景

图 3.36　维也纳美泉宫庭院水景

（2）塑造多样的环境氛围

水有多种形式，形成不同的景观。静态的水面，安静平和，益于独处思考；涓涓的细流，源远流长，让人回味无穷；飞泻的瀑布，气势磅礴，渲染出热闹的场景。

（3）划分空间的重要手段

流水的使用，可在视觉上保持空间联系，同时可以划分空间与空间的界限。在布局上不希望人进入的地方，可以用水面来处理。水面可以相当有效地促进或阻止外部空间的人的活动。

（4）改善环境质量

炎热的夏天大面积的水体可以带来凉爽的气息；喷洒的水雾可以有效地调节空气湿度；轰响的落水也是一首美妙的音乐，可以起到掩饰噪声的作用。

## 3. 水体的设计

（1）对人的亲水活动的考虑

人具有亲水性，希望与水保持较近的距离。因此，在外部空间设计中应尽量缩短人与水的距离，在较为安全的情况下，可以通过浮桥、亭台、水边踏步的处理，使人置身于水景之中。人们在观赏水体时一般有仰视、平视、俯视和立于水中。在实际中人们更喜欢立于水中，如儿童喜欢嬉水，涉足水中尽情玩耍；成人也喜欢荡舟水上或于岛上观水（图 3.37）。

图 3.37　建筑环绕着水面展开活动

（2）堤岸的处理

水面的处理和堤岸有直接的关系，它们一般共同组成景观，影响着人们对水体的欣赏。堤岸的形式不仅关系到水体的形态，也决定着人们近水的方式。如几何形的池岸一般处理成可供人坐的平台，尽量接近水面，池岸距离水面也不宜太高，通常伸手可及；不规则的池岸与人比较接近，高低随着地形起伏，形式自由，这时的岸只有阻水的作用，缩短了人与水的距离；也有的水体没有明显的池岸，利用坡地围合成水面，人们可随意进入水中，与水融为一体（图3.38、图3.39）。

图3.38　几何形的水体

图3.39　仿自然的水体

（3）与其他景观要素的结合

水体只是构成外部空间的一个要素，只有与其他构成要素相结合，才能更好地表现其形象。水体既可以与建筑小品、雕塑小品构成完整的视觉形象，也常与绿化、山石相结合，同时可借助灯光、音乐等手段，增强水的魅力（图3.40）。

图3.40　巴黎市中心广场喷泉雕塑

## 五、绿化

绿化是城市景观的重要组成部分，许多城市由于其独特的绿化效果而闻名。在外环境中绝大多数绿化是经过人工配置的，有的呈现自然形态，有的经过人工修剪，都在环境中发挥着积极的作用，点缀并丰富了生活空间。

### 1. 绿化的分类

城市绿化主要分为：树木、草地和花坛。

（1）树木

树木可分为乔木、灌木和藤木，每类还包括不同的品种，有不同的形态和特征。其中乔木树体高大，具有明显的主干，树高从30多米到6～7m不等，常用于行道树、庭荫树、景观树等；灌木则常修剪成绿篱以分割空间，许多开花的灌木具有较高的观赏价值；藤木常常依附于建筑、围墙或廊台起到柔化建筑界面的作用。乔木和灌木的配置常见的有以下几种形式：

图 3.41 日本仙台松岛观澜亭的孤植树木成为局居部空间的视觉焦点

① 孤植

单株配置的树木，以其姿态、色彩构成独有的特色。它往往位于构图中心成为视觉焦点，成为这一空间的明显标志（图 3.41）。

② 对植

对称配置的树木，树的形态和体量都很接近，通常用来突出某领域空间的轴线关系。

③ 列植

沿直线或曲线以等距离或在一定规律下栽植树木的方式，以达到导向和划分空间的目的，一般分布在空间的周围和道路、河岸的两侧（图 3.42）。

④ 群植

几株或十几株同一树种或种类不同的乔木、灌木，种植成相对紧密的结构，以表现树木的群体美，创造出幽静的空间（图 3.43）。

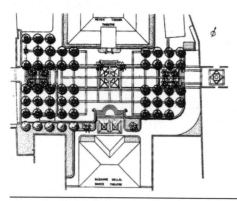

图 3.42 列植的树阵界定出中部的主导空间（赵伟峰 绘）

图 3.43 群植的树丛塑造出幽静的环境空间

⑤ 篱植

一种行列式密植的类型，一般采用小灌木。绿篱在限定空间、保持空间的连续同一性以及作为背景衬托时均有重要的作用。

（2）草地和花境

城市环境中的草地多为人工草坪，一般有以下几种类型：

① 自然式草坪

利用地形的起伏、高差模拟自然地貌，草地边缘常结合灌木、地被植物和石作增加草坪的自然姿态。

② 规整式草坪

外形整齐，常常布置在雕塑、纪念碑或建筑物周围起到衬托作用，边缘常利用石块砌筑成规整形（图 3.44）。

图 3.44 规整草坪充满了理性的意味

③ 装饰型草坪

仅起到装饰作用，不允许行人进入，常用栏杆、树篱等较高的设施围合。

④ 使用型草坪

允许人们入内，草质应耐践踏并定期维护，保持持久性。

⑤ 花境

用多种花卉，以自然式风格交错混合配置，布置成较宽的花带。花境主要以赏花为主，通常与草坪相结合，使草坪呈现更加丰富多彩的空间效果。

（3）花坛

在外部空间设计中，花坛对于点缀空间、表现环境意象、营造气氛有很大作用。可分为以下几种类型：

① 独立式花坛

独立设置的花坛往往是环境中的视觉焦点，具有很强的地标和导向作用，有的位于中轴线上，更突出了它的地位（图3.45）。

② 花坛群

两个以上的个体花坛组成不可分割的构图整体。它们或是围绕着一个中心景观或是沿中轴线对称布置，也有的多个花坛沿道路、河流、广场外侧布置，成为点缀环境、组织空间的重要手段。但无论是何种布置方式，花坛间都需要保持一个内在的联系，做到既主次分明，又不可分割，形成有韵律感、节奏感的系列景观（图3.46）。

**图3.45** 圆形的独立式花坛成为外环境中的视觉焦点　**图3.46** 维也纳美泉宫花坛

③ 种植容器

体积较小，可以随时变换位置，一般用于需要经常更换内容的场所。通过容器的组合可以起到划分空间的作用。

## 2. 绿化的作用

人对绿树有着与生俱来的好感，这不仅是因为绿化具有生态功能、物理和化学效用，更重要的是在调节人类心理和精神方面也发挥着积极的作用。

（1）改善环境质量

几乎所有的植物都有利于外部环境小气候的改善。如挡风、蔽日、降低热岛效应、补充清新的氧气、隔绝噪声等。

（2）塑造环境氛围

树木多样的形态和色彩给人带来丰富的联想，如挺拔的白杨象征着坚韧不拔；摇曳的柳树容易让人联想到似水的柔情。因此应根据心理要求合理选择树种。

（3）组织环境空间

利用树木的高度、密实围成边界，产生聚合感；利用树木分化不同功能要求的空间；用树木遮挡不需要暴露的部位，造成先抑后扬的空间效果；利用乔木、灌木、藤木围合成私密空间；利用树木列植有一定的方向感，引导视线并通过框景、夹景来衬托空间；利用树木孤植或绿化雕塑形成视觉焦点，供人观赏（图 3.47）。

（4）柔化建筑界面

在外部空间中，树木与建筑的巧妙结合使环境协调统一。这一方面软化了建筑物僵硬的直线条，另一方面在形态、色彩和纹理上都和建筑物形成强烈的对比变化，使二者互相映衬，融为一体（图 3.48）。

图 3.47　通过植物配置组成各种空间

图 3.48　攀缘植物柔化了建筑界面

## 3. 绿化的设计

外部空间设计中，设计者应该了解树木的特性，充分考虑树木的形状、色彩、纹理以及它们组合时的空间效果，以满足不同场合的要求。

（1）注重植物配置的空间层次

绿化配置应本着乔木、灌木、草本植物相结合的总原则，对地面植物、膝高植物、腰高植物、眼高植物、超过眼高的植物以及攀附植物综合考虑，灵活布局，使总体绿化效果具有层次感。根据树态的不同，强调垂直向上的高度感或水平伸展的外延感，塑造富有动感的空间效果（图 3.49）。

（2）树木的种植应考虑场地的规模和功能要求

欣赏树木的姿态应孤植；划分空间，引导视线可采用列植；树木围合成独立的空间，可形成较为私密的场地；对人行走时的空间转折点应进行有效的设计，突出转折点的作用；合理利用树木形成通道的空间效果，以及适当设置障景、夹景、框景；应注意场地内各种高度的树木分布的平衡性；树木与建筑、雕塑以及其他设施结合时应主次分明，协调统一（图 3.50）。

（3）合理铺设草坪

铺设草坪时应考虑和建筑、道路、广场、树木以及山石的关系，做到统一有序，更要起到改善环境、烘托主题的作用。花坛的设计首先应考虑外形和周围环境的协调，确定选择规整的几何形式还是不规则的自由形；花坛或花坛群和广场相比，一般在（1∶3）～（1∶15）之间，个体花坛不宜太大，形成主景区和次景区。

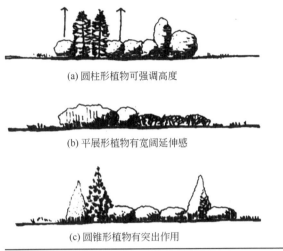

**图 3.49** 树木形态和空间形态的关系
钱健，宋雷.建筑外环境设计 [M]. 上海: 同济大学出版社，2001: 162.

**图 3.50** 列植的树木具有较强的界定空间的作用（赵伟峰 绘）

## 六、小品与设施

建筑外环境中的小品设施要素，虽然通常尺度不大，但其直接贴近人们的生活，反映环境的实用性、观赏性和审美价值，因此也是外环境中重要的构成要素。景观小品往往位于外环境中局部小空间的视觉中心，对空间起着画龙点睛的作用，同时又有组织空间、美化环境、方便生活的功能。

小品设施要素的设计应注意内容与外环境整体的协调，使小品起到点题的作用，同时小品的布置也应主次分明。有时小品是作为外环境中的中心性要素而出现的，位于外环境中最为醒目的位置或以母题的方式统率整个基地；有时则分布在四周陪衬主体。下面我们介绍几类主要的小品设施。

### 1. 信息设施

信息设施包括各类标志、广告牌、钟塔、信息栏、电话亭等。各类标志具有传达信息、提供引导、介绍等作用，因此其设置的场所、排列的方式是设计中一个重要的方面。在设计时，标志应当在所处的场所中具有适宜的尺度，与整体环境相协调，并反映其周围的环境特征；单体形象的创意应新颖，反映时代精神、体现文化传统；可与建筑、大门、雕塑等结合，创造综合艺术形象（图 3.51）。

### 2. 娱乐服务设施

娱乐服务设施是人们聊天、游戏、交往、读书、观赏风景、歇脚时必不可少的服务设备，以坐具和游乐设施为代表。坐具主要分为凳和椅，是外环境中的重要"家具"。凳的设置比较灵活，可结合花坛、矮墙、雕塑等进行设计。椅子的造型或精致古朴，或简洁现代，在环境中起到很好的点缀作用（图 3.52）。

图 3.51　三星博物馆广场雕塑

图 3.52　巴黎拉德芳斯区广场随景观灵活设置的座椅

　　外环境中休息椅凳的设置应考虑人休息时的心理习惯和活动规律，一般以背靠花坛、树丛或矮墙，面朝开阔地带为宜，而供人长时间休憩的坐具更应注意设置时的私密性。座椅应以单座椅或较短的连座椅为主，实践证明长度 2m 左右的长椅利用率较高。坐具的材料选择比较自由，从石材、木材到玻璃、不锈钢均可选用，只需满足耐久性的要求即可（图 3.53）。游乐设施主要考虑儿童特殊的使用要求，但也有一些游乐设施已成为成年人喜闻乐见的娱乐工具。

## 3. 艺术景观设施

　　雕塑和各类艺术小品是建筑外环境中的主要艺术景观设施，对于点缀和烘托环境氛围、增添场所的文化气息和时代风格起着重要的作用。由于雕塑往往是场所中具有凝聚力的空间焦点，所以对其背景的设计应以能充分地衬托雕塑为前提，散乱的背景会破坏雕塑在空间中的效果。在布局上要注意雕塑和整体环境的协调，设计师应对环境特征、文化传统、城市景观等方面有独到的见解和把握，合理确定雕塑的位置、题材、尺度、材质、色彩等，使雕塑与环境的主题相吻合（图 3.54）。

图 3.53　看似随意摆放的巨石也是富有情趣的坐具

图 3.54　罗马祖国祭坛前的雕塑

## 4. 照明设施

　　不同的环境对照明方式和设备设计的要求是各不相同的。照明设施除需达到基本的照度要求，以保证人们的各类夜间活动外，还需结合环境特征，渲染环境气氛，在一定程度上进行环境的再创造。主要的照明设备可分为：投光灯、泛光灯和探照灯。但不论哪一种灯具在设计时都需同时考虑白天与夜间的效果，尤其大型的灯具即使是在白天有时也作为重要的景观要素而出现，起着划分空间、甚至成为环境中的主景的作用（图3.55）。

**图 3.55** 灯具可以作为划分空间、界定外环境边界的要素

### 5. 卫生设施

在外环境中，卫生设施必不可少，其合理设置是保证环境卫生整洁、提高环境质量的重要环节。

在建筑外环境中，还有一些实体要素也常常扮演着重要的角色，如基地内原有的自然山水或人工堆砌的假山、设置的石作等，由于篇幅的关系，在这里我们就不再一一赘述了。

## 第三节　建筑外环境的设计与评价

建筑外环境是由人有目的地创造的外部空间，是人们在对原有环境不满足的情况下，一种新的创造和提高。在这个创造过程中，作为创作主体的"人"一直居于主导地位。正是由于人的行为、习惯、性格、爱好决定着对环境空间的选择，所以也同时制约着建筑外环境设计与评价的价值取向。建筑外环境设计与评价必须"以人为本"，从人的实际需求出发，这是不变的大前提。但同时必须清楚地看到，建筑外环境是主客观因素综合作用的结果，无论对于设计还是评价，我们都不能不考虑城市环境的制约作用，考虑建筑外环境在城市整体环境中的地位和作用；不能不认真对待自然环境要素的影响，使人工环境与自然环境协调发展；不能不面对政治、经济、文化等社会因素的影响，使外环境的深层文化内涵符合时代与社会的要求。因此，建筑外环境的设计与评价必然要综合主客观多方面的因素，是一个极其复杂的过程，下面我们将针对其中的几个主要方面加以阐述。

### 一、整体

建筑外环境的设计首先要从整体出发，这里的整体包括三个层面的意义：每一个建筑外环境的形成都要考虑基地内原有自然要素的制约作用，使自然环境与人工环境均衡发展；考虑与相邻的建筑外环境的协调关系，使"邻里"之间友好对话；考虑与包含该环境的更大的建筑外环境，以及城市整体空间环境的协调关系，使外环境成为城市整体的有机组成部分。

## 1. 基地周围自然环境

通常在着手进行建筑外环境设计前，都要对基地进行考察。了解诸如基地位置、地形、地貌、土壤、植被等自然条件；还要了解周围业已形成的建筑、道路、设施等建筑环境的具体情况。所有这些因素都是设计的重要依据和出发点，是成功设计的关键。

在制约外环境设计的自然因素中如场地中的地形、水体和植被对设计的影响最大，作为有形的要素，它们直接参与到外环境设计中来，并可以很自然地成为设计人员进行外环境设计的出发点。

**图 3.56** 结合地势设计巧妙的外环境

地形起伏的场地可以产生层次丰富而有特征的环境，但同时也给各类室外活动带来一定的影响。一般而言坡度小于 4% 的场地，可以近似看成平地；坡度在 10% 之内对行车和步行都不妨碍；坡度大于 10%，人步行时会觉得吃力，需要改造并设置台阶。但起伏较大的地形也给创造更加丰富的外部空间带来了机会，结合地形合理设置踏步、平台可以增加空间的趣味性和层次感，使外环境更具有特色（图 3.56）。

如果在基地中有自然水体相邻或穿过，就需要弄清该水体的现状，加以改造利用，使其成为外环境的一部分。自然水体的引进，应尽量避免水面处于建筑的大片阴影中，因为水在阳光的照射下才会呈现活跃闪烁的动人魅力，而阴影中的水则容易让人产生冷漠的感受；滨河区域的设计应考虑使人易于接近水面，进行各种亲水活动（图 3.57）。

基地内部如果有成熟的林带、植被，甚至古树名木是十分难得的有利因素。人天生就对绿树怀有好感，绿树能为人们提供清新的空气，减弱噪声，遮蔽烈日，还能产生宁静、舒适的心理感受。所以在设计中，有可能的条件下应尽力保留树木，使其成为构成美好外部环境的重要因素（图 3.58）。

**图 3.57** 巧妙利用自然的水体使外环境充满了活力

**图 3.58** 日本镰仓建长寺庭院树木使环境变得静谧、阴凉

对基地周边自然环境的尊重和利用主要体现在：设计中如何运用对景、借景、框景等手法，将远处的自然景观引入小环境之中；对外环境中的建筑物和构筑物的体量加以控制，避免对自然景观产生不利影响。

## 2. 基地周围已有设施

在进行建筑外环境设计时还需考虑基地内已建的建筑、道路和各类环境设施，特别是周边业已形成的特征环境、人文景观对设计的制约作用。赖特（Frank Lloyd Wright，1867—1959）在《有机建筑》一书中指出建筑应该是从环境中自然生长出来的，建筑外环境何尝不是如此。每一处新建的建筑外环境是否成功，是否有生命力，关键在于它是否能成为周围大的建筑环境的有机组成部分，与"邻里"之间友好相处。要做到这一点其实并不难，关键是要有谦虚的态度和理性的思索。例如有时设计需朴实适用，而将美丽的城市景观引入环境，作为主景；沿轴线序列展开空间时，使场地的轴线与基地附近重要建筑的轴线相一致，加强空间效果；保持基地内的道路与周边道路衔接、畅通等（图 3.59）。

图 3.59　巴黎城市中心布局严谨的轴线空间序列

从城市的整体来考虑，每一个新的建筑外环境都是在续写城市环境的新篇章。基于这一点，建筑外环境的设计应当与城市的整体风貌相一致，并具有前瞻性，推动整个城市环境建设向更高的层次发展。而只顾自身个性的张扬，只能是对内自成一体，对外是"破坏性建设"的失败之作。

## 二、功能

任何一个建筑外环境都应满足一定的功能要求，即有一定的目的性。一般来说，建筑外环境都具备物质功能和精神功能，分别满足人们对外环境的物质需求和精神需求，并且由于外环境使用性质的不同可能会有所侧重。

## 1. 首先确定外环境具体的功能组成

涉及具体的功能设置，首先要确定外环境具体的功能组成。在外环境的设计之初，由于设计者通常不会收到特别详尽的任务书，使得许多具体功能只能自行确定。这就需要设计者对功能的设置要控制得当，过多不切合实际的功能设置，往往会使环境质量无法保证，空间也会变得凌乱不堪。

在明确了外环境具体的功能组成以后，就需要为所设定的功能寻求相对应的室外空间。这主要包括：确定不同的功能区所需要的空间的大小、形态、位置以及它们之间的组合关系等。

根据功能的要求在确定空间的大小时，有些情况下是比较明确的（如：体育活动场地的尺寸几乎是定值，道路的尺寸可以根据车流或人流的情况加以推算）；有些时候可以用最小值来控制；但更多的时候是"模糊的"。这主要是因为，很多情况下在功能的量化过程中，不仅要满足使用功能的要求，还需考虑其精神、文化功能以及与周围环境尺度上的和谐等方面。这时，设计人员没有确切的数值可供参考，但可以通过对同类环境的研究，凭借自己的经验和对场所功能的理解来进行推断。芦原义信提出的"十分之一理论"，在这方面可以作为参考。芦原义信指出：从空间的视觉结构来说，虽然过小的空间不行，而没有意义的过大外部空间则更不好。如果一行程为 20～25m，相当 1、2、3……行程的尺寸是合适的；相当 8、9、10……行程时，则逐渐是上限了。从中我们可以得到启发，在进行功能设置时，在满足使用合理的基本前提下，对空间的尺度要进行适当的控制；对于复合功能的组织，可以将其在空间上按秩序安排成几个尺度适宜的小空间，避免尺度过大给人以空旷的感觉。

不同的使用功能大多对应不同的空间类型，要求适宜的空间形态，例如封闭的空间适于交谈、读书；开敞的空间适于集会、表演；线型的空间引导人穿越、前行；面状的节点暗示人驻留、观景等。如果我们可以将人们在外部空间中的活动简单分为运动和滞留两大类的话，则其对应的外部空间可分为运动空间和滞留空间。

运动空间可用于：向某个目的前进、散步、某些集体活动等。

滞留空间可用于：静坐、眺望景色、读书、交谈；表演、演讲、讨论、集会；引水、洗手等。

图 3.60　梵蒂冈圣彼得广场

运动空间一般平坦、宽阔、没有障碍物（图 3.60）。滞留空间用于静坐、眺望景色等时，希望空间相对封闭，并应当相应地在空间中设置长椅、绿荫、照明灯具等满足人们的使用（图 3.61）；用于表演、讨论等时，希望或是地面有高差，或是背后有墙壁围合而成的空间，开敞但有方向性（图 3.62）。另外，不同的空间形态还能够塑造不同的环境氛围，在满足人们基本的使用要求的前提下，提高人们在其中的活动质量，使人们不仅在生理上而且在心理上都能得到满足。

图 3.61　幽静的滞留空间

图 3.62　伦敦市政厅前的讲演空间

## 2. 其次是进行具体的功能组织

根据外环境的功能组成，明确了相应的空间大小和形态特点以后，接下来就需要具体的功能组织。这些大小不等、形态各异的空间必须经过一定脉络的串联才能成为一个有机的整体，从而形成外环境平面的基本格局。由于不同使用性质的建筑外环境，其功能组成有很大差别，所以在进行功能组织时，必须根据具体的情况具体解决。但从设计过程来看，我们都是先对这些功能进行分类，明确功能之间的相互关系，再根据功能之间的远近亲疏进行功能安排。需要注意的是，在进行功能组织时，虽然应以满足使用的合理性为前提，但也要考虑与功能相对应的空间形态的组合效果。同一个建筑外环境所对应的功能组织方式并不是唯一的，所以也带来各种空间组合变化的可能，从而创造出不同的环境氛围，对于这些在设计中要有统一的考虑。这也是评价一个建筑外环境功能组织是否成功的重要依据。

## 三、空间

与建筑内部空间相似，在建筑外环境中建筑、场地、水体、绿化等实体要素的形态变化虽然意义重大，但人们更关注的是这些实体要素所限定的与人们的活动密切相关的建筑外部空间。在外环境中形态各异的实体要素互相依存，和谐共生，构成了一个有机的整体。这个整体既展示了各个要素的个体形态，又由于表达了要素之间的相互关联而传达出更深的内涵。空间形态就是这些实体要素组合关系最直接的表达，人们通过对实体要素的感知来感知它，通过在其中的各种活动来体验和评价它。但实际上，对空间形态的考虑也反过来制约实体要素的生成，所以在外环境设计中对空间的设想必然伴随着对实体的思考，对外环境空间品质的评价也必然与实体要素的评价相伴而行。

### 1.空间的布局

建筑空间是建筑使用功能的反映，同样，建筑外环境的空间布局也必然是外环境功能布局的体现，但这种体现和反映不是被动的。前面我们曾提到同一个建筑外环境所对应的功能组织方式并不是唯一的，因此在设计中出于对空间效果的考虑也常常反过来影响着功能布局方式的选择。寻求空间变化与使用效率的最佳契合点也成为设计中的重点和难点。

外环境的空间布局还与人的心理需求有关。人对空间布局的感知是在运动中完成的，随着位置的变化人们会感受到不同的空间氛围，体验着空间序列的转换。在这个感知过程中，人们希望看到预想的景致，但适宜的出乎意料所带来激动和惊喜有时效果会更好。因此，在空间布局阶段必须对空间的"统一"和"变化"作整体的考虑。

下面介绍几种常见的空间布局模式。

（1）轴线组织

沿轴线组织是最常见的空间布局形式之一，它能给人以理性、有序的整体感。轴线可以转折，产生次要轴线，也可作迂回、循环式展开。设置的方法可以与已建的建筑群的轴线一致，与基地的某一边一致或者与周围区域及城市的主要轴线相一致。当然也可以根据基地条件有意识地与上述轴线呈一定的夹角，使轴线夹角空间成为整体布局中的活跃因素（图 3.63）。

**图 3.63** 转折的轴线呼应周边场地环境
张裕翔.超级线性公园，哥本哈根，丹麦 [J].世界建筑，2016(04): 54-57.

在一些需要体现秩序感、庄严感的空间中，运用轴线能有效地增强环境的空间效果；当需要在一群松散的个体之间形成秩序时，设置轴线将一部分要素组织起来也是一个有效的方法。

（2）中心组织

中心组织是将一个空间置于中心位置，其他的空间依据同一种或几种模式与之衔接的空间布局模式。在建筑外环境中，如果某一空间很重要，或者与周围的空间联系密切，在空间布局时采用中心组织的模式是比较适合的。中心组织还包括双中心组织、多中心组织等变化形式（图3.64）。

（3）聚集组织

聚集组织是空间以不确定的模式集合成整体的布局形式。这种空间布局的特点是形态丰富多变，但由于缺少严谨的秩序，所以在设计中需对各个空间的形态以及它们之间的组合方式作整体的考虑（图3.65）。

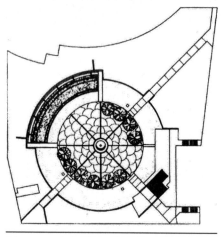

图3.64 中心组织（赵伟峰 绘）

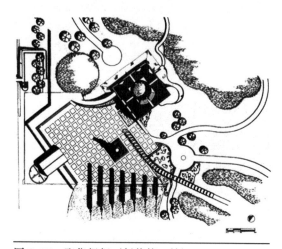

图3.65 聚集组织（赵伟峰 绘）

（4）嵌套组织

较小的空间依次连续地套在下一个更大的空间单元中，如果嵌套在一起的各个空间共有一个中心，可给人以严谨的秩序感（图3.66）。

## 2. 空间的形态

外环境中空间的形态是与功能要求相适应的结果，它主要包括空间的形状和空间的开放性两个方面。

（1）空间的形状

由于建筑外部空间是"没有屋顶的建筑"，边界有时也是虚化的界面，所以其平面形式是决定空间形状的重要因素。点、线、面作为三种最基本的平面形式，其对应的空间形态有如下特点：

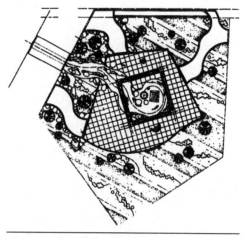

图3.66 嵌套组织（赵伟峰 绘）

① 点是一种具有中心感的缩小的面，通常起到线之间或者面之间连接体的作用。它可

能是交通或景观的节点，也可以作为观景点，在这里人们可以作短暂的停留、休息和眺望（图 3.67）。

②线形的空间通常以街道空间的形式出现，其明显的方向性可引导人们前行。直线与曲线的空间能给人以不同的感受，直线形的空间暗示人们快速通过，曲线则适于漫步，边走边看（图 3.68）。商业步行街是线形空间的特例，由于其特殊的功能要求，虽然从形态上看是线形的空间，但其更具有广场的某些特征。

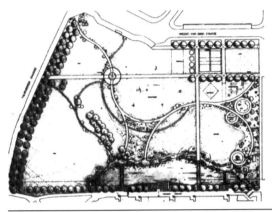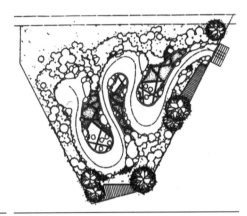

**图 3.67** 曲线形的道路将点状的空间串联起来（赵伟峰　绘）　**图 3.68** 富有动感的线性空间（赵伟峰　绘）

③面状的空间是与点状的空间相对而言的，在这里人们的活动往往复杂多样，它给人的空间感受也由于平面形式的不同而有很大的差异：对称的平面给人以宁静、庄严、崇高之感；自由的形态显得活跃、轻松、富有动感；几何形的平面由于其具有抽象的规律性，是统一和秩序的象征，易于将周围的空间聚集在一起成为一个有中心感的整体（图 3.69）。

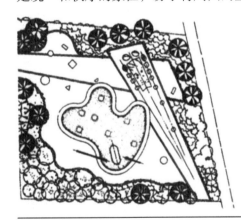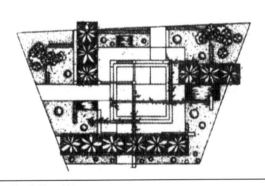

**图 3.69** 面状的空间给人以截然不同的感受（赵伟峰　绘）

从抽象形式美的角度来看，优秀的建筑外环境设计常常体现出点、线、面的完美组合。但需要注意的是，在这里我们虽然将空间形态划分为点、线、面三种基本形式，但这三者是一个相对的概念，例如广场环境是以完整的面的形式出现的，但对于整个城市环境来说它只是一个节点。

（2）空间的开放性

外部空间的开放性主要是指空间开敞或封闭的程度。由于建筑外部空间的顶面是广阔的蓝天，所以其封闭的程度主要取决于围护面要素的形态、组合方式，以及围护面的高度与它所围合的空间宽度的比值等。

例如沿着棋盘式道路修建建筑时（图3.70），建筑物转角以直角形式出现，作为阳角时，外部空间的转角由于出现纵向缺口，使空间的封闭性遭到破坏；相对地，在保持转角形态而创造阴角空间时，则可大大加强空间的封闭性。

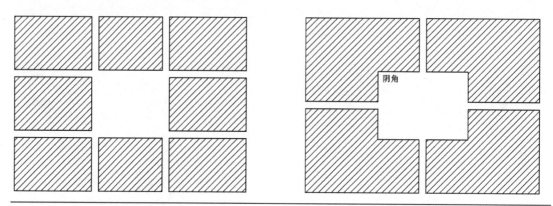

图 3.70　建筑格局对外部空间开放程度的影响

除了建筑，诸如围墙、绿篱、树丛、组合的灯柱都可以作为外环境的围护面要素，草坪、水体、道路也可作为外环境的边界来限定空间，因此外环境的空间形态可以从封闭到开敞产生丰富的变化，与人们不同的生理、心理需求相适应。

讨论空间封闭性时，应当考虑到围合面的高度与人眼的高度有密切的关系。在30cm高度，只是能达到勉强区别领域的程度，几乎没有封闭性，其高度适合于憩坐；在60～90cm高度时，空间在视觉上依然具有连续性，还没有达到封闭的程度，其高度适于凭靠休息；当达到1.2m高度时，身体的大部分逐渐看不到了，产生一种安全感，同时作为划分空间的隔断，在视觉上依然具有充分的连续性；到达1.5m高度时，除头之外的身体都被遮挡了，产生了相当的封闭感；当达到1.8m高度时，空间被完全划分开来（图3.71）。对于下沉空间，对其空间的封闭感和连续性的判断，也可以此为依据。

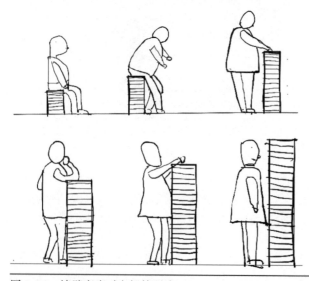

图 3.71　墙壁高度对空间的影响

另外，在建筑作为围合面要素时，前面介绍过的建筑高度（H）与邻幢间距（D）的比值关系仍然适用。当D/H小于1时，空间有良好的封闭感；D/H等于2，是具有封闭感空间的临界值；随着比值的加大，空间逐渐由封闭向开敞转化。

### 3. 空间的层次

在进行外环境的空间组织时，我们还必须要处理好各部分空间之间的渗透与层次。建筑外环境通常不会也不必要被实体围合得严严实实，实际上也只有当各部分空间之间由于开口或虚化的界面而互相渗透时，空间才能更具有层次感，才能真正变得丰富起来。

北京传统的四合院，就是通过增加空间层次，使得不大的外环境可以创造出深远而丰富的空间。高高的院墙围合成大大小小的院落，通过沿轴线布置的垂花门、敞厅、花厅、轿厅的通透部位使各个空间在视觉上联系起来，一重重的院落隔而不断，空间互相因借，彼此渗透，给人以"庭院深深，深几许"的强烈感受。

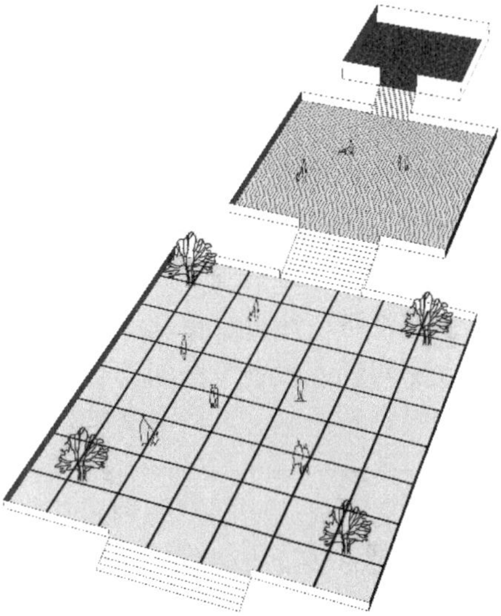

空间的层次感还体现在不同使用性质的空间之间相互的联系与渗透，例如（图3.72）：

外部的→半外部的→内部的；

公共的→半公共的→私用的；

嘈杂的、娱乐的→中间性的→宁静的、艺术的；

动的、体育性的→中间性的→静的、文化的。

**图3.72** "外部式→半外部式→内部式"空间以踏步相连接

在外环境中，空间之间互相渗透，形成了丰富的层次感，同时也使环境景观得到了极大的丰富。由于空间之间的互相渗透而产生视觉上的连续性，人们在观景时视线不再只停留在近处的景观上，可以渗透出去到达另一个空间的某一个景点，并可由此再向外扩展。另外，随着视线的不断变幻渗透，空间也改变了静止的状态产生了流动的感觉，变得丰富起来。

若要形成并有效控制空间的渗透，增强空间的层次感，关键在于围护面的虚实设计。由于在建筑外环境中，可以作为围护面的要素十分丰富，这就为我们创造层次丰富的外部空间创造了条件。在设计中，可以用建筑作为较为封闭的围护面，也可以用连廊、矮墙作为较为开放的围护面。用树丛、水体、列柱则可形成更为开放的虚界面。这样，通过围护面虚中有实、虚实相生、实中留虚等不同的处理，并有计划地安排好空间连接和渗透的位置、大小和形式，就可以创造出较为丰富的空间层次（图3.73）。

**图3.73** 胡志明市中央公园设计竞赛方案

Dong Viet Ngoc Bao,Nguyen Xuan Man,Vu Ngoc Anh,et al. 胡志明市中央公园 [J]. 现代装饰,2019（10）:114-117.

### 4. 空间的序列

空间的序列与空间的层次有许多相似的地方，它们都是将一系列空间互相联系的方法。但空间的序列设计更注重的是考察人的空间行为，即当人依次由一个空间到另一个空间，亲身体验每一个空间后，最终所得到的感受。

对于空间序列的设计，在东西方传统的外环境设计中有着很大的差异。西方传统的外环境是从一开始就能看到对象的全貌；东方传统的外环境则是有控制地一点一点给人看到。前者往往一下给人以强烈的印象，具有标志性；后者给人以种种期待，耐人寻味。我们虽然不能妄下结论，断定哪一种空间序列的处理方式更好，但如何使整个空间序列具有变化是这两种处理方式中都必须考虑的问题。随着人的移动而时隐时现，为空间带来变化的情况是常有的。例如，让远景一闪而现，一度又看不到了，然后又豁然出现，使景观在空间中产生跳跃，避免了单调感。再如，在中国古典园林中常有这样的情形，当游人在一个空间中赏景时，透过景窗或园门另一个景观开始引起游人的注意。这种吸引力伴随着游人由一个空间进入另一个空间，直至游遍整个园林。这种逐渐展开的空间序列使游人始终沉浸在由好奇到惊叹、又产生新的好奇这样有节奏的情绪激荡中，不由自主地沿着观景的路线行进。

总之，通过空间形态的收放来突出主体空间，运用形态的重复来增强空间的节奏感，利用空间的转折或突现来增强空间的趣味性等空间序列的处理手法，可以使平淡的空间变得亲切、生动、更具吸引力。

## 四、景观

景观是从背景环境中分离出来的，由环境构成要素组成的，具有一定特征和表现力的设施。它是空间中的焦点，是空间形态构成的重要因素。通过对景观的认识，人们能够加深对整个空间形态的理解。各类环境要素都能成为外环境中的景观，如建筑、雕塑、树木、假山、亭、水体甚至地面铺饰的图案（图3.74）。

### 1. 景观与空间

由于景观往往是空间中的焦点，所以当它们居于空间的中心位置时，易于使整个空间产生向心感；当位于空间的一端时，则能给空间

**图3.74** 苏州狮子林

带来方向性。如广场的钟塔、道路端头的雕塑都能通过引导视线而产生统领空间的方向感（图3.75）。

外环境中景观的设计反过来也应与外部空间的形态相适应。首先，景观的尺度应与衬托它的空间保持良好的比例关系，尺度过大或过小的景观都会对外部空间产生不利的影响。其次，其位置的确定必须有利于突出原有的空间特征，起到强化空间的效果。

观景既可近观也可远观，利用空间的相互渗透，在相邻或更远的空间设置观景点，形成对景或框景，是外环境景观设计中常用的手法（图3.76）。

图 3.75　意大利威尼斯圣马可广场钟塔　　图 3.76　维也纳美泉宫景观序列

## 2. 视觉与景观

　　景观效应的产生关系到观察者和对象之间距离的问题，观察者和观察对象处于怎样的距离才能完整清晰地实现观察者的意图？这一方面与景观的绝对尺寸有关，另一方面与人的视觉生理特性关系密切。扬·盖尔（Jan Gehl）在《交往与空间》中提出社会性交往距离，以看到面部表情和细部为标准，需要 20 ～ 30m。这和人们能识别具体的景观所需的距离是一致的，只要人和环境相距 20 ～ 30m，就能够把具体的景观从环境背景中分离出来，看清景观的细部。芦原义信在《外部空间设计》一书中提出的"外部空间模数"，也把 25m 作为外部空间的基本模数尺寸，即 25m 能看清对面物体的形象。

　　看清对象，除了需要有足够的视距外，还应有良好的视野，并保证视线不受干扰，这样才能清晰地看到景观。前面我们曾提到，人的眼睛以大约 60° 顶角的圆锥为视野范围。这样，景观与视点的距离（$D$）与景观的高度（$H$）之比 $D/H=2$，仰角 $=27°$ 时，可以较好地观赏景观；当 $D/H < 2$ 时，就不能看到景观整体了。

　　人眼能够将景观从环境背景中迅速分离出来，这主要取决于景观要素与背景要素之间存在的形态差异。因此，在设计中景观与背景通常是以对比的形式出现的，并且要避免空间中有其他的与景观要素形态相似的要素在附近出现。

## 3. 景观序列

　　景观序列通常都是随着空间序列的展开而展开的，并随着空间序列达到高潮而呈现出最主要的景致。人在空间中不断运动，各类要素和环境构图也随之不断地发生着变化，如何处理好景观远景、中景、近景的关系成为设计师要重点考虑的问题。英国著名建筑师和城市规划师 F. 吉伯德，曾以一幢白色建筑在一系列街景中的变化，比较形象地说明了这种景观序列处理的要点和其给人带来的奇妙感受（图 3.77）。从这个例子中我们可以发现，在整个景观序列中一个环境要素有时是作为主要的景观出现的；有时则变成了其他景观的背景；有时可以成为"借来"的远景；有时则以自身的某一个局部参与到近景的构成中。而这样的景观序列的产生，是与人们观察点的变化密切相关的，所以在进行景观序列构思时，视点运动轨迹的选择和主要观景点的设置显得尤为重要。

　　作为个体的景观而言在设计中有两点是十分重要的。

**图 3.77** 景观序列的巧妙设置

钱健，宋雷. 建筑外环境设计 [M]. 上海：同济大学出版社，2001:105-106.

其一是形态的设计，作为空间中的焦点，其形态必须突出，或体形高耸，或造型独特，或具有高度的艺术性，或经过重点装饰，总之应使其成为环境中最为引人注目的"角色"。

其次就是位置的选择，如果将其布置在空间的几何中心，能使景观更多地为人所注目，成为环境的趣味中心。如采用非对称的布置，则可以给空间带来变化，但同时需考虑可能带来不均衡的感觉（图 3.78）。

**图 3.78** 巴黎拉德芳斯区景观非对称布置使外部空间充满动感而又不失均衡

## 五、文化

建筑外环境是一个民族、一个时代的科技与文化的反映，也是居民的生活方式、意识形态和价值观的真实写照。与其他个体事物相比，建筑外环境包含着更多反映文化的人类印记，并且每时每刻都在增添着新的内容。

去一些名胜古迹观光时，我们会发现不同时期、不同地区、不同民族、不同文化浸染的人群所创造的建筑外环境都具有鲜明的特点。而到了现代，我们却经常会在不同的城市看到似曾相识的景观，建筑外环境的文化特征在淡化，城市的特色在消逝。之所以会产生这种现象，一方面是因为随着信息工业的飞速发展，使得地区间的差异在缩小，从而导致人们思想、意识、文化等方面也有全球化的趋向；但更重要的是设计者本身不注重对民族深层文化的发掘，他们或是盲目追赶时尚导致城市环境景观的雷同，或是追求个性化的表现使得环境整体之中充满了矛盾和不和谐的因素。目前，在建筑外环境设计中，如何反映当地的文化特征，如何为环境增添新的文化内涵，已经成为环境创造者必须认真思考的问题。

## 六、细部

细部是一个相对的概念，这里所说的细部设计是针对建筑外环境中的实体要素而言的。

实际上，在前面介绍建筑外环境的构成要素时，我们已经对相关实体要素的设计要点作了简要的介绍。需要补充的是，具体到每一个实体要素的设计时，必须以尊重外环境的整体构思为前提。对于初学者，常常会痴迷于外环境中某个局部的设想，甚至具体到某个实体要素的设想，因小失大，忽略了环境的整体。更可惜的是，有的方案整体构思很有特点，但由于某个不切主题的细部设计而显得画蛇添足。因此，单独一个实体要素不论设计得如何精彩，如果与环境整体不协调，也不能算是成功的。

# ARCHITECTURAL
# 第四章
# DESIGN
# 建筑设计方法

建筑设计是建筑学专业学习的最主要内容。建筑设计能力的提高需要长时期的锻炼。设计课的学习有它自身的特点，怎样入门常常是初学者遇到的一个难题。本章从建筑设计的一些特点、规律入手，对建筑设计的基本方法，做一些概括的介绍。

## 第一节 建筑设计的概念与特征

建筑设计是一个非常复杂的概念。何为设计？英文"Design"意为在某个目的的前提下，根据现定的要求，制定某种实现目的的方法，以及确定最终结果的形象。设计是一个创作的过程，完成一件设计作品有一定的程序，设计就是把一种想象的状态变成现实的操作过程。而建筑设计即是指对人们所需要的生产、生活、娱乐和文化空间的创作过程，是针对建筑的内系统（内部空间）以及外系统（外部空间）进行的一种构思活动，是一种空间组织结构的延续活动。

建筑师全程作业主要分为七个阶段：策划、方案、初设与扩初、施工文件、招投标服务、施工合同管理、竣工及后期服务，即从业主提出建筑设计任务书一直到交付建筑施工单位开始施工全过程。这七个阶段在相互联系相互制约的基础上有着明确的职责划分，其中方案设计作为建筑设计最重要的一个阶段，担负着确立建筑的设计思想、意图并将其形象化展示的职责，它对整个建筑设计过程所起的作用是开创性和指导性的，初步设计和施工图设计则是在此基础上逐步落实其经济、技术、材料等物质需求，是将设计意图逐步转化成真实建筑的重要筹划阶段。由于方案设计是建筑设计的最关键环节，方案设计得好坏将直接影响到其后工作的进行甚至决定着整个设计的成败，而方案能力的提高，则需长期反复的训练，因此相关高校建筑学专业所进行的建筑设计的训练多集中于方案设计，以便学生有较多的时间和机会，接受由易到难、由简单到复杂的多课题、多类型的训练。

建筑方案设计有以下四个基本特征：

## 一、建筑设计是一种创造性的思维劳动

所谓创作是与制作相对而言的，制作是指因循一定的操作技法而按部就班的一种造物活动，其特点是行为上可重复和可模仿，如建筑制图、工业产品制作等，而创作属于创新、创造范畴，所依赖的是主体丰富的想象力和灵活开放的思维方式，目的是以不断地创新来完善和发展其工作对象的内在功能或外在形式。

建筑设计的创造性是人（设计者和使用者）及建筑（设计对象）特点属性所共同要求的，一方面建筑师面对的是多种多样的建筑功能要求和千差万别的地段环境，建筑师必须表现出充分的灵活开放性才能够解决具体问题与矛盾；另一方面，人们对建筑形象和建筑环境有着多品质和多样性的要求，只有依赖建筑师的创新意识和创造力才能把属于纯物质层次的材料设备转化成为具有一定象征意义和情趣格调的真正意义上的建筑。

建筑设计作为一种高尚的创作活动，它要求创作者具有丰富的想象力和较高的审美能力，灵活开放的思维方式以及勇于克服困难、挑战权威的决心与毅力。因此创新意识与创作能力应该是建筑设计专业学习训练的目标。

## 二、建筑设计是一门综合性学科

建筑设计是科学、哲学、艺术以及文化等各方面的综合，建筑的功能、技术、空间、环境等任何一个方面，都需要建筑师掌握一定的相关知识，才能投入到自由创作中去，因此，作为一名建筑师，不仅是建筑作品的主创者，更是各种现象与意见的协调者，由于涵盖层面复杂，因此建筑师除具备一定的专业知识外，必须对相关学科有着一定的认识和把握，有广泛的知识积累才能胜任本职工作。

## 三、建筑设计的多元性、矛盾性、复杂性

建筑并不是独立存在的，它与世间万物有着千丝万缕的联系，为人类提供生存空间的建筑包含着各种人的各种需求，表现出建筑的多元性；建筑由一个个结构系统、空间系统等构成了人类的生活空间，在这里各系统及其系统的组成部分都具有独立的特性，并且相互之间在整体上呈现出众多的矛盾性；多种矛盾在建筑的整体中寻求统一和协调的过程又构成了建筑的复杂性。

## 四、建筑设计的社会性

建筑方案是由多个要素形成的，因此设计方案不一定只有一个。实际中如何择取最优秀的方案，这就要看一些具体的条件了，如业主的某种偏爱、造价问题、环境问题等。建筑的社会性要求建筑师的创作活动必须综合平衡建筑的社会效益、经济效益、风土人文和技术发展水平的关系，努力寻找一种科学、合理与可行的结合点，才能创造出尊重环境、关怀人性的优秀作品。

# 第二节　建筑设计的过程

为什么从事建筑设计，必须要考虑到阶段性的设计过程，而不能全部一起考虑以"毕其功于一役"呢？最主要是因为人类处理问题的基本思考能力是有一定限度的，当问题简单时，很容易迅速而全面地掌握，但当问题像建筑这般复杂时，人们自然而然需要集中全部的基本能力在一定的范围，全力将这范围内的各种因素作严谨的考虑，才能将问题全盘掌握。建筑方案设计过程因人、建筑不同，大体可分为四个阶段。

# 一、设计前期与策划

建筑设计的第一个过程就是要确定设计的条件，其中包括了基地、气候、环境、业主要求、造价、时间等，这些资料的搜集与分析，其目的是使建筑师在心中形成一个总的概念，以便对后期设计有一个概括的控制和把握。

如何以一套缜密的程序和方法，将设计前所要明了的主要理念分析清楚，威廉·丕纳（Wilian Pena）提出了分析架构，可归为以下几个方面。

## 1. 环境条件调查分析

（1）地段环境

建筑师首先要分析基地范围内的道路、树木、河流等的现况（图4.1），并整理出坡度的区域范围（图4.2），以便清楚地知道基地的自然条件，这些自然条件是建筑作品不同用途的限制条件。其次要分析环境中的日照和风向等气候条件（图4.3、图4.4），以便为户内外空间营造提供基本的条件。另外，应分析基地内景观的方向和品质，并依照前述各种因素的综合分析，将基地区分为较私密性和较开放性的不同属性。

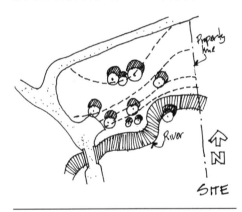

图4.1　道路、树木、河流等现况分析

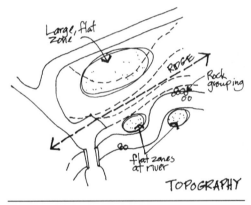

图4.2　坡度的区域范围

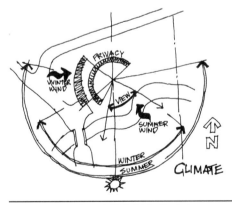

图4.3　日照和风向等气候条件（1）

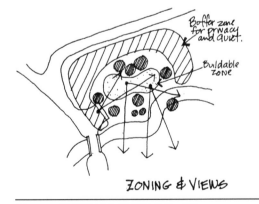

图4.4　日照和风向等气候条件（2）

图4.1～图4.4引自刘育东.建筑的涵意 在电脑时代认识建筑 [M].天津：天津大学出版社.1999:108.

（2）人文环境

一个特定民族在漫长的历史发展过程中形成的相对稳定的人文环境对建筑设计有着内

在的规定性。建筑师应了解和分析研究基地城市的人文环境，因为基地城市建筑的建造方式、材料运用、装饰手法等都承载着当地人民的审美情趣、生活方式和精神追求，反映了文化的深层次精神价值，形成了特有的文化认同感和归属感，是特殊的文化载体。不同历史时期的建筑作品也是一种特殊的文化遗产，传递着该地区的文化传统，塑造着地区的特征和性格。

（3）城市规划设计条件

建筑师要收集城市规划的设计条件，了解规划部门对基地的规划意图、使用性质、周边红线退让情况、日照间距、建筑限高、容积率、绿化率、行车量等要求，以及市政设施分布及供应情况和城市基地周围的建筑风格等。

## 2. 设计要求分析

（1）功能空间要求

建筑功能是随着人类社会的发展和生活方式的变化而发展变化的，各种建筑的基本出发点应是使建筑物表现出对使用者的最大关怀。

功能分析，就是建筑师应根据设计任务书，整理出各建筑空间的关系，并归纳整理成系统图式，每一种建筑类型都有它特有的系统图式。建筑师根据功能关系系统图的逻辑关系，应能分析出如下内容：

——功能分区，私密空间和公共空间的界定；

——空间的主次，序列和相互联系；

——人流方向与交通系统；

——环境景观要求；

——各种功能活动内容。

（2）形式特点要求

——建筑类型特点：不同类型的建筑有着不同的性格特点。例如纪念性建筑给人的印象往往是庄重、肃穆和崇高的，而居住建筑体现的是亲切、活泼和宜人的性格特点。因此，建筑师必须准确地把握建筑的类型特点。

——使用者的个性特点：1981年国际建筑师联合会第十四届世界会议通过的《华沙宣言》确立了"建筑-人-环境"作为一个整体的概念，强调一切的发展和建设都应当考虑人的发展，"经济计划、城市规划、城市设计和建筑设计的共同目标，应当是探索并满足人们的各种需求"。人与环境间存在着复杂的双向互动关系，理想的空间环境设计都是为人服务的。所以，建筑设计模式中应有独立环节对使用者行为需求进行分析，从满足使用者行为需求的角度出发来创建和谐的人居环境。

## 3. 经济技术因素分析

经济技术因素是指建设者所能提供用于建设的实际经济条件与可行的技术水平，它是确定建筑的档次、质量、结构形式、材料应用以及设备选择的决定因素。

## 4. 相关资料的调研与搜集

相关资料的调研与搜集主要包括实地调研与资料搜集两个部分。建筑师通过对功能、定位、规模、环境等相近的实例和案例的分析，体会最终建筑产品的形式、空间感受、技术设备、服务系统等，根据需求的发现、创造和满足的问题解答模式来理清所需的建筑产品的目标需求、最终形态和卖点特征。

## 二、方案形成

一个优秀的建筑设计需要充分发挥想象力并不断完善。特别是在方案形成阶段，立意、构思和方案的比较都具有开拓性质，它对设计的优劣成败具有关键性作用。

### 1. 立意

"意在笔先"是所有艺术创作的普遍规律，建筑设计也不例外。所谓立意是确立创作主题的意念，一个设计的立意影响着设计的发展方向，控制着建筑设计的思想内涵。因此一个好的立意往往能使一个建筑设计达到很高的境界，并使人们对建筑产生无限的遐想和具有回味无穷的魅力。立意是建筑师全面细致、认真深入地对建筑设计各因素进行分析调查研究后的结果，不是凭空捏造和苦思冥想而来的。

2010年上海世博会中国国家馆，设计者以城市发展中的中华智慧为主题立意，旨在体现出"东方之冠，鼎盛中华，天下粮仓，富庶百姓"的中国文化精神与气质。基于立意确定建筑形式的设计方向，建筑造型雄浑有力，犹如华冠高耸，天下粮仓；地区馆平台基座汇聚人流，寓意社泽神州、富庶四方。国家馆和其他地区馆的整体布局，隐喻天地交泰、万物咸亨。中国馆以大红色为主要元素，充分体现了中国自古以来以红色为主题的理念，更能体现出喜庆的气氛，让世界各国游客叹为观止（图4.5）。

图4.5　2010年上海世博会中国国家馆（周立军　摄）

许多作品可以流芳百世，很重要的一点就在于它的立意独树一帜，不落入俗流。当然，这种创作的立意不是凭空想象出来的，而是设计者通过前期深入的调查分析以及结合自身的设计经验和知识积累而形成的。想象力是建筑创作立意不可或缺的，但是建筑创作的立意也应该收放有度，不过分隐晦，也不过分张扬，不能表达得过于直白，要让人们去联想、去真切地感受。

如柯布西耶设计的朗香教堂，它的立意定位在"神圣"与"神秘"的创造上，认为这是一个教堂所体现的最高品质，也正是先有了对教堂"神圣""神秘"关系的深刻认识才有了朗香教堂随意的平面、沉重而翻卷的深色屋檐、倾斜或弯曲的洁白墙面，耸起的形状奇特的采光井以及大小不一、形状各异的深窦的洞窗，由此构成了这一充满神秘色彩和神圣光环的旷世杰作（图4.6、图4.7）。朗香教堂的独特形式给参观者引发的联想堪称经典，同时又不失宗教建筑的神秘感，震慑人们的心灵。

图4.6　朗香教堂（朱道远　摄）

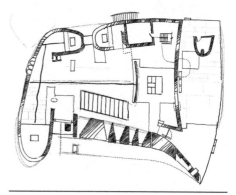

图4.7　朗香教堂平面图（傅珏杰　绘）

## 2. 构思

一般来说，建筑设计方案有了一个较为理想的立意后，接下来便是构思了。构思是指怎样将立意通过一定的手段技巧转化到方案的实施中，构思应紧扣立意，同时构思应体现在建筑设计的各个环节，并保证其在整个设计过程中的完整性。构思虽然要创新，但也应建立在可行的基础上，而不是空想，脱离了现实的构思是无价值的。

建筑是一门艺术，同其他的艺术形式一样，也是源于生活积累的共识，使得人们对建筑艺术的美学判断具有普遍的规律性。建筑构思是多方面的，尤其在建筑学已是众多学科进行交叉的今天，建筑设计所涉及的每一个方面都可能成为构思的出发点，好的建筑构思应该是建筑的形式与建筑的功能和空间、结构与构造、材料与技术等方面充分契合，给使用者以舒适的建筑体验。

同时，建筑构思并不是完全依仗建筑师的主观意识而产生的，它的背后是以大量的知识积累为基础、以建筑师丰富的想象力所决定的，又是以建筑师丰富的生活体验和设计经验来得到保证的。具体的方案构思，常从以下几个方面考虑。

（1）基地环境

一个建筑总是存在于特定的三维空间中，它是特定地区、特定气候条件下的产物，富于个性特点的环境因素如地形地貌、景观朝向以及道路交通等均可成为方案构思的启发点和切入点。只有一个建筑以符合其所处基地环境特点的形式出现在该区域中，才可能被称为是美的。建筑的外部形态是影响建筑物周围空间的重要因素，同时，建筑物的外部形态也受到建筑周围空间的影响。因此，从建筑物的外部空间角度进行建筑设计构思时也要充分考虑建筑与周围建筑物之间的相互关系。

例如美国建筑师赖特设计的流水别墅，地处一片风景优美的山林之中，建筑的每一层都大小不一，犹如岩石般的平台向不同的方向伸入周围的山林环境中，纵横交错的建筑悬挑在溪流和小瀑布之上，与所在的自然环境的山石、林木、流水互相渗透，汇成一体，实现了建筑与自然环境的高度结合，设计构思在认识并利用环境方面堪称典范（图4.8）。

建筑物的内部空间是直接供人们使用的空间系统，建筑设计应创造出能够满足人们使用意图的内部空间。与从建筑外部空间入手进行建筑构思一样，从建筑的内部空间入手进行建筑设计构思也应注意空间的尺度关系。从建筑物的使用功能出发进行建筑设计构思是一种比较直接的方式。形式与功能相统一的建筑使人一目了然，并容易被人们所理解和接受。

图4.8 流水别墅（于戈 摄）

如贝聿铭设计的华盛顿美术馆的方案构思中，地形环境的分析和利用起到关键的作用，用地是一个直角梯形的基地，而且在它的两边有一个老美术馆。因此它的总体布局有很大的制约性，首先确定了建筑的空间边界，即确定了建筑的外围边框。而它的功能须由两部分组成，一是现代艺术陈列馆，二是现代艺术研究中心。设计者匠心独运，将它分为两部分，一是陈列馆部分，即图4.9中的等腰三角形，其中轴线正好与原来的老美术馆的中轴线相重合，二是研究中心，即直角三角形部分，两边正好与国会大厦前的广场路网一致，这个基地环境设计与内部功能空间的结合，真可谓"天衣无缝"（图4.10）。

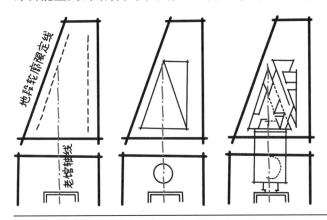

图4.9 华盛顿美术馆与基地关系（傅珏杰 绘）

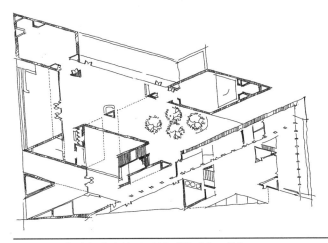

图4.10 华盛顿美术馆平面图（傅珏杰 绘）

（2）功能与技术

对于功能的把握，是建筑能否适用的重要方面，作为反映建筑功能的建筑平面布局设计，常常表现出一定的思维模式，但以逆向思维的方式突破传统思维模式进行平面设计，也不失为建筑构思的一个重要方面。

建筑技术条件是实现建筑可行性的物质保证，建筑结构形式影响着建筑的功能、形式等诸多方面，特别是对于某些具有特殊要求的现代建筑，建筑结构对建筑的影响尤为突出。因此，以建筑结构作为设计构思的出发点也是一种有效的构思方法。

例如青岛新地标建筑——青岛邮轮母港客运中心，建筑造型的灵感，来源于帆船之都的"帆"和青岛历史建筑连绵的"坡屋顶"。为了体现力学之美，室外立面钢结构外露，省去幕墙表皮，结构本身成了最有力的立面语言；室内空间在吊顶的设计上也尽量不遮挡主结构，让人们在室内依然能够阅读结构的逻辑和感受力学之美。考虑到青岛的冬季盛行西北风向，且场地南侧港湾的景观条件更为优越，设计中在南向大跨度钢结构下进行了逐层退台，形成主要的室外公共平台；北立面则在三层设计有少量的室外观海平台，并且局部实现南北室外空间的相互贯通。这些平台犹如船身的甲板，为人们提供了休憩活动的场所（图4.11）。

又如2008年北京奥运会主体育场——"鸟巢"，是由2001年普利茨克奖获得者雅克·赫尔佐格（Jacques Herzog）、皮埃尔·德·梅隆（Pierre de Meuron）与中国建筑师合作完成的巨型体育场设计，其形态如同孕育生命的"巢"，同时也像一个摇篮，寄托着人类对未来的希望。设计师们对这个国家体育场没有做任何多余的处理，只是坦率地把结构暴露在外，因而自然形成了建筑的外观。"鸟巢"以巨大的钢网围合、覆盖着9.1万人的体育场；观光楼梯自然地成为结构的延伸；立柱消失了，均匀受力的网如树枝般没有明确的指向，让人感到每一个座位都是平等的，置身其中如同回到森林；把阳光滤成漫射状的充气膜，使体育场告别了日照阴影（图4.12）。

**图4.11** 青岛邮轮母港客运中心的力学美
（岳乃华 摄）

**图4.12** 2008年北京奥运会主体育场
（周立军 摄）

如今建筑技术不再单指建筑结构层面，更倾向于发展绿色建筑，即在建筑的全寿命周期内，最大限度地节约资源，包括节能、节地、节水、节材等，保护环境和减少污染，为人们提供健康、舒适和高效的使用空间以及与自然和谐共生的建筑物。绿色建筑技术注重低耗、高效、经济、环保、集成与优化，是人与自然、现在与未来之间的利益共享，是可持续发展的建设手段。

如新加坡国家体育馆是目前世界上最大的大跨度穹顶建筑——跨度高达310m，且可移动。新加坡国家体育馆位于一片风景优美、地理位置优越的滨水区，用地面积35hm²。国家体育馆有一套独特的体育、购物和休闲场所的综合生态系统，是新加坡拓展的城市中心和公共市区之间的枢纽。

新加坡国家体育馆，一座全国最先进的 55000 座体育馆，坐落在体育中心正中央。Arup 的建筑师和工程师们独具匠心的设计可以称得上是未来可持续场馆设计的典范。场馆通过空气冷却调节舒适度，同时馆内的可移动屋顶能适应全年各种规模的体育休闲活动。场馆运用了独创的伸缩座椅设计，以适应场馆常年的体育文化活动。观众席高效节能的散热系统是专为新加坡热带气候设计的。

多功能性是场馆设计的重中之重，并且是影响体育场客流量的关键因素。新加坡国家体育馆是世界上第一个能同时举办田径、足球、橄榄球和板球比赛的体育场馆，通过控制可移动观众座位、草皮和屋顶就能实现。以新加坡壮丽的城市天际线为背景的场馆还能举办大型音乐会、国际演出和节日活动。

新加坡国家体育馆可以作为热带气候设计的范例。其创新点在于其节能空调系统——冷气能到达场馆内每一个座位。与常规的空调系统相比，节能系统输送冷气中的气穴能显著降低能耗。可移动的超薄穹顶在比赛期间可以延伸到球场上方，提供荫凉（图 4.13）。

图 4.13　新加坡国家体育馆全景图和新加坡国家体育馆可移动屋盖（李春阳　摄）

（3）地区文化与传统

每个地区都有其与生俱来的文化传统，并影响着该地区每个人的生活。一个建筑物只有符合其所在地域要求才可能呈现出建筑的美，一个脱离了地域特点的建筑物是不可理解的，是不理性的。地区文化在建筑中的体现，使地区建筑形成了千百年以来独有的特征，尤其是那些民间建筑，更是当地特定的环境条件下凝结着当地劳动人民的智慧而产生的，具有独特的魅力。这类建筑更具有合理性、经济性和生命力，都将成为当代建筑师取之不尽、用之不竭的建筑艺术宝藏。

例如安徽省铜陵市原有一处民居（图 4.14），地处皖南一个僻静山村，位于全村最高的山顶上，将徽州与沿江风格融于一身。由于年久失修，已经十多年不曾有人居住，损坏严重。在对该民居建筑的改造过程中，对原有墙体和老门进行了保留，使得该建筑及场所空间得以留住原有记忆。立柱和屋面采用从旧有民居上回收的老料老瓦，又经当地工匠按本地传统工法砌筑而成。这样，富有现代性的通透的落地玻璃与老旧材料之间形成鲜明对比，新老墙体错落有致，互相衬托与融合。玻璃、砖、木、瓦，再加上对墙体的留白处理，激活了整个场所。中庭空间、檐下景观、门窗对景，使得建筑在保有原来的传统韵味的同时，其空间更加丰富、灵动、鲜活。

在这座改造后的建筑中，传统文化与现代文化之间相互融合、相映生辉、互相成就。

正是对地域特色的尊重才产生了这种质朴又明亮的建筑之美。

**图 4.14** 安徽铜陵山居改造后的山居效果和安徽铜陵山居建筑空间的新旧对比（庄子玉　摄）

（4）建筑性质

建筑的类型是多种多样的，因此建筑的构思不能只用一种模式来完成，而应依照建筑的不同性质表现出一定的差异性，如对于居住性建筑，为了满足人们日常生活和休息的需要，其构思应立足于使建筑及周边环境给人一种亲切、宁静和朴实的感觉。而对于纪念性建筑，如博物馆、纪念堂等，则力求其建筑构思建立在庄重、肃穆的基础上，使人有崇敬与怀念之感。

### 3. 方案比较

多方案构思是建筑设计的本质反映，建筑设计由于认识和解决问题方式的多样性、相对性和不确定性，其方案设计往往是多样的。由于影响建筑设计的客观因素众多，在认识和对待这些因素时，设计者任何细微的侧重都会导致不同的方案对策，只要设计者没有偏离正确的建筑观，所产生的任何不同方案就没有简单意义的对错之分，而只有优劣之别。

多方案构思也是建筑设计目的性所要求的，无论是对于设计者还是建设者，方案构思是一个过程而不是目的，其最终目的是取得一个尽善尽美的实施方案。然而，我们又怎样去获得这样一个理想而完美的实施方案呢？我们知道，要求一个"绝对意义"的最佳方案是不可能的，因为在现实的时间、经济以及技术条件下，我们不具备穷尽所有方案的可能性。我们所能够获得的只能是"相对意义"上的，即在可及的数量范围内的"最佳"方案，因此，唯有多方案构思才是实现这一目标的可行方法。

另外，多方案构思中民主参与意识所要求的，让使用者和管理者真正参与到建筑设计中来，是建筑以人为本这一追求的具体体现。多方案构思所伴随而来的分析、比较、选择的过程使民主参与真正成为可能，这种参与不仅表现为评价选择设计者提出的设计成果，而且应该落实到对设计的发展方向乃至具体的处理方式提出疑问，发表见解，使方案设计这一行为活动真正担负起应有的社会责任。

### 三、方案确定

在经过前期对有关资料和各种信息进行分析及确定了建筑立意和构思及方案的比较后，建筑设计方案就有了一个总的概念，接下来的工作就是如何紧紧围绕着构思，通过适宜的建筑手段将其转化为具体的建筑方案，在多方案的比较中，确定一个最合理、有潜力的方案了。主要表现为以下几个方面。

## 1. 确定功能的合理

功能关系是建筑设计的主要问题，例如医院的交通路线交叉，是医院设计致命的功能问题，必须进行确认、调整。

在确定功能关系是否合理方面，应注意：

① 每个房间的平面形状、尺度、房间高度、门窗大小、位置、数量、开启方向等。如学校设计中教室设计应考虑到学生观看黑板的视角、视距来决定最佳平面形式。

② 交通空间的联系与组织。比如，在旅馆建筑平面设计中，门厅在构思上通常都是作为交通枢纽来处理。因此，旅馆平面为满足功能条件，门厅的面积一般都较大，成为融合多种功能和内容的共享大厅，空间尺度开敞。

③ 平面组合设计。尽可能在原构思不变以及外部轮廓、建筑面积乃至基本造型都没有多大变化的情况下，把平面功能调整合理。

④ 建筑的采光、日照、通风等物理要求。例如，观演建筑在功能上既要解决好"听"的问题，又要解决好"看"的问题。因此，音质与视线设计尤为重要。这是观演建筑突出的设计矛盾，也是功能合理与否的重要条件之一。

## 2. 竖向空间变化的确定

从建筑剖面反映建筑物竖向的内部空间关系和结构支撑体系。

① 确定合理的竖向高度尺寸，主要是指确定建筑各层层高、建筑室内外高差、建筑体型宽高尺寸、屋面形式与尺寸及立面轮廓起伏尺寸等。

② 研究确定建筑内容、空间形式与利用，对建筑的夹层剖面和错层剖面进行研究，以及对中庭空间剖面的研究和剖面中潜在空间的利用与开发等。

③ 通过剖面对影剧院等观众厅室内的视线起坡、音质等建筑物理问题进行设计。

④ 通过剖面确定建筑的结构和构造形式、做法和尺寸等。

⑤ 通过建筑剖面对坡地等特殊地形进行利用（图 4.15）。

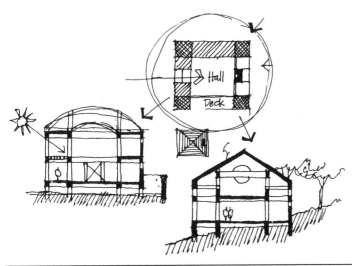

**图 4.15** 以剖面图分析平面关系中的楼层、结构、屋顶形式、采光等因素

刘育东 . 建筑的涵意 在电脑时代认识建筑 [M]. 天津：天津大学出版社 .1999:111.

## 3. 结构技术的可行性

建筑师不但要熟悉建筑本身，而且还要掌握解决诸工程技术问题的方法，特别是结构技术，要在设计中确定合理的结构造型，要对柱子的截面、梁的高度有个大致的判断，才不至于使设计方案陷入被动。

## 4. 场地规划指标

城市规划对建筑设计有许多要求，如建筑高度的控制（电信、机场等要求）；消防与道路关系红线、容积率、绿化覆盖率的明确要求，建筑物之间的间距等，这些指标在确定方案时要严格核实。

## 5. 建筑形体的确定

建筑具有科学与艺术的双重性。建筑形体设计不可避免地要涉及相关问题。立面设计应以三维空间的概念审视立面诸要素的设计内容，而不仅仅限定在二维的立面图表达上，所以在进行立面设计时要有一个总的概念，将每一个立面都看作是建筑物主体的四个面中的一个面，设计时应从整个建筑高低、前后、左右、大小入手，把四个立面统一组合起来考虑，既要注意四个立面间的统一性，又要注意变化。

不同的建筑是由不同的空间所组成，并且它们的形状、尺寸、色彩、质感等方面各不相同，因而在立面上也应得到正确的反映，并突出建筑不同的气质，建筑师做立面设计往往是通过对建筑立面的多样性、轮廓、材料与色彩等问题结合形式美的构图规律进行处理研究，来最终体现所追求的立面意图和效果。

建筑立面的具体设计可以从以下几个立面来体现：
① 建筑立面的个性表达；
② 建筑立面的轮廓；
③ 建筑立面的虚实关系；
④ 建筑立面的材质、色彩；
⑤ 建筑立面各部分的比例；
⑥ 建筑立面的尺度。

## 四、建筑方案的深化

做方案总是从粗到细，一旦方案基本定型，接下来的工作就是要深化、细化，细化的工作当然涉及确定具体的尺寸、详细的形象及其他技术性方案。但首先要注意的是建筑师做细化、深化的方案时，切莫盲目地深化，而应当本着原先立意去深化，而不走样，要善于"锦上添花"，而不是"画蛇添足"。现代建筑大师密斯、赖特等人，他们不但出好方案，而且也十分关心细部。例如密斯的代表作——巴塞罗那的德国馆，许多细部的形状、材料、色彩等，都作仔细考虑，稍有不妥，就要重做。下面将方案细部设计涉及的一些方面加以列举。

## 1. 平面完善设计

① 平面面积、层高等指标要求

② 平面形状比例完善

③ 门窗设计合理

④ 交通空间完善

## 2. 结构与构造的处理

① 梁、柱、桁架、墙、楼板和基础等承重构件的设计合理，满足建筑物支撑荷载的需求。

② 建筑配件的设计应符合正确的建筑构造方法。

## 3. 建筑立面的细部处理

① 门、窗、柱、廊、洞口、装饰等细部

② 建筑转角、入口的细部处理

③ 建筑基座、墙身和顶部的细部处理

## 4. 建筑外环境的细部处理

① 场地铺装的细部处理

② 道路边缘的灵活化设计

③ 水体与绿化等景观的细部处理

④ 小品设施的空间点缀

## 5. 细节设计与规范

建筑设计离不开规范，建筑师应当熟悉各种相关规范。

① 民用建筑设计通则

② 建筑设计防火规范

③ 其他各类建筑设计规范

# 第三节　建筑设计的基本方法

手法，英文写法为"manner"，意思为方式、样式、方法、规矩……手法的内容十分丰富，它包括实体和空间，也包括技巧、工作方法和思想方法。建筑设计手法的含义：一般指建筑形象的构图、建筑形象的气质表达以及通过什么方法达到形态的和谐性，手法比技巧更加抽象且更有情趣，它贯穿于立意构思到细部处理的全过程。

## 一、几何分析

在建筑造型设计中，把建筑抽象为最简单的基本形——几何体，然后研究其外形轮廓和内部各部分之间的形式关系，这就是几何分析法。所谓分析，就是对已形成的建筑的形象进行品赏，例如巴黎戴高乐广场上的凯旋门，我们可以用几何分析法找出其中的许多规律（图4.16），这也就是建筑学的规律，但这仅仅是对平面（立面）的分析，简单地说，几何分析法就是把建筑抽象为简单的基本形体，研究其形式关系，这就意味着建筑设计中的几何分析法是从大处或整体着眼的设计方法。

（a）外观（周立军 摄）

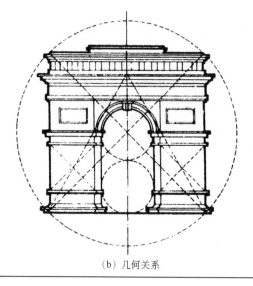
（b）几何关系

图 4.16　巴黎戴高乐广场上的凯旋门

罗文媛 . 建筑设计初步 [M]. 北京：清华大学出版社 .2005.114.

　　例如贝聿铭设计的苏州博物馆，以方形为基本原形，从三维立体的角度，从不同方向、不同视角，通过对其进行生长、切削、分化、移位、切割移动、变异和进化等方式来创造新的形体，通过变化使它们有了能够进行重新整合、共同协调生长的内在根据，这种变化也是产生新概念、整合形态美的基础条件。苏州博物馆整个建筑流露出方形的无穷无尽的变化，体现了现代立体构成的意境（图 4.17）。

图 4.17　苏州博物馆（周立军　摄）

## 二、轴线关系分析

　　轴线，一般多指对称物体的中心线，但在建筑设计手法中，轴线有更为丰富的内涵，建筑中的轴线是指建筑形象中所体现的一种空间和实体的关系，由于这种关系，在人的视觉上产生一种"看不见"但又"感觉到"的轴向。合理的建筑处理能使这种轴向感更能合乎意图。

　　建筑造型处理时，轴线关系相当重要。轴线的处理涉及许多造型构图法则。因此，把握轴线是一种很有用的设计手法，有人甚至认为，轴线是建筑设计手法的钥匙（图 6.25）。在轴线关系中，特别要注意以下三点。

　　（1）轴线的暗示手法

　　在建筑中运用对称的手法可以创造一个完整统一的外观形象。

（2）轴线的转折手法

运用轴线的转折，可以使空间更具冲击力和突变性，使整个建筑布局体现出一种跃动的美。

（3）轴线的起讫或收头

起讫就是收头，在建筑造型手法中，收头的方法多种多样，应根据具体塑造的空间特征来分析。轴线的起讫、中转，应给人的感觉既丰富多变，又具有一定的秩序感。

## 三、对比关系分析

### 1. 虚实对比

在建筑中，虚与实的概念用物质实体和空间来表述，"虚"是指立面上的空虚部分如玻璃、门窗洞口、门廊、空廊等，它们给人不同程度的空透、开敞、轻盈的感觉。"实"指的是立面上的实体部分，如墙面、屋面、栏板等，它们给人以不同程度的封闭、厚重、坚实的感觉。

从视觉形象来说，建筑的虚、实是相对而言的，由相互对比而产生的。构成空间的实体，因其大小、位置、形状、质地等不同，会产生不同的构成空间的视觉能量。格式塔心理学（gestalt psychology，又叫完形心理学，是西方现代心理学的主要学派之一）认为，凡形能被我们看得见的，必须由于这个形的底和形在视觉上有所差异才能被感知，因此，形和底之间就存在着这样一种互换的关系。

虚实关系在立面处理上通常是以虚为主，或者以实为主，以强烈的虚实对比达到重点突出的效果（图 4.18）；也可以是虚实交错布置的做法，按一定的规律连续重复地虚实布置造成某种节奏和韵律效果（图 4.19）；虚实的关系也表现在空间和实体的关系，在我国的传统园林建筑中有很多这样的范例。

图 4.18　以实用为主——明尼亚波利斯沃克艺术中心（周立军　摄）

图 4.19　虚实交错——古根海姆美术馆（周立军　摄）

### 2. 材质对比

建筑设计往往利用多种材质配合完成预想的设计效果，如石材、木材、多种片墙的采用，可结合建筑本身，也可以作为环境设计中的一种衬托手段。同时，在建筑不能通过传统的虚实对比来区分时，材质的差异也成为一种对比与统一的建筑设计手法。

### 3. 方向对比

建筑设计中常采用水平与竖直、正向与反向的关系，来达到一种丰富的建筑形式，使整体既脱离单一，又处于平衡状态之中（图4.20、图4.21）。

**图4.20** 水平与垂直关系——马尔默某住宅建筑（周立军　摄）

**图4.21** 正向与反向关系——哥本哈根贝拉天际酒店（周立军　摄）

## 四、建筑的细节处理

### 1. 立面凹凸关系

立面上的凹进和凸出部分，大都是因使用上或者结构构造上的需要形成的。凡是向外凸出或者向内凹进的部分，在阳光的照射下都会产生光和影的变化，如果处理得当，这种光影变化可以构成美妙的图案。立面上通过各种凹凸部分的处理可以丰富轮廓，加强光影变化，组织节奏韵律，突出重点，增加装饰趣味等（图4.22）。

### 2. 立面线条处理

（1）竖向线条

竖向线条的使用，使建筑具有强烈的上升感和挺拔感。由粗到细的竖向线条，形成强烈韵律感（图4.23）。

**图4.22** 建筑凹凸关系——沙克生物研究所（周立军　摄）

（2）横向线条

水平线条的使用给人以舒缓、平衡的感觉（图4.24）。以水平线条为主的设计中，穿插垂直线条，可以使立面避免单调呆板，具有较活泼的效果，成为建筑造型的重要元素。

（3）折线与弧线

在水平和垂直线条中加入折线和斜线处理，使整个建筑更富有变化（图4.25）。弧线，具有轻盈、灵动的感觉，使整个建筑更富有变化（图4.26）。

**图 4.23** 竖向线条——奥运媒体中心
（周立军　摄）

**图 4.24** 横向线条——斯德哥尔摩大学学生公寓
（周立军　摄）

**图 4.25** 建筑折线处理——哥本哈根某滨河建筑
（周立军　摄）

**图 4.26** 建筑弧线处理——哈尔滨大剧院
（周立军　摄）

## 第一节　建筑工具制图

### 一、建筑工具制图的概念

建筑工具制图是运用图板、尺规等工具，严格按照国家建筑制图标准和建筑表达内容的要求，按一定的比例，用准确、清晰的铅笔或墨线图示语言来表达建筑信息的图示方法之一。正确地理解和掌握建筑工具制图的概念和方法，需要做到以下几点：

① 建筑工具制图是一种图示语言。这是任何建筑图示的根本意义所在。建筑工具制图一方面是建筑师表达设计意图、实现与他人之间交流建筑相关信息的手段；另一方面是建筑师思考建筑相关问题、落实解决方案的途径。建筑工具制图如同作家笔下的文字、画家完成的一幅画一样，起着表达建筑师的认识和思想、准确传递建筑相关信息的作用。

② 建筑工具制图表达的内容是客观的建筑实体、空间的尺度、材料、技术做法和环境关系等。表达的方式是建筑总平面图、平面图、立面图、剖面图、轴侧图、大样图等。

③ 建筑工具制图必须严格按照国家建筑制图标准和建筑表达内容的要求进行。既然建筑工具制图是建筑师的语言，这要求必须有通用的语言规则和表示手段，只有这样才能做到简洁、规范和共用。

④ 建筑工具制图必须以工具为基准，按比例绘制。

### 二、建筑制图常用工具

#### 1. 图板

根据规格大小常用图板可分为 0 号图板（900mm×1200mm）、1 号图板（600mm×900mm）、2 号图板（450mm×600mm）。图板的作用在于为建筑制图提供一个平整、光洁的基面，以及水平和垂直两种成直角关系的方向基准线。理论上这两种方向呈垂直关系，但实际上限于加工工艺的水平难以做到绝对的精准，因此同时以两个方向为基准是不可靠的，建议在一张图纸的绘制工程中，始终坚持选用其中一条边作为制图的基准线。图板的使用方法如图 5.1 所示。

## 2. 丁字尺

与图板相配合，以图板边为基准并上下移动，可绘出水平向的平行直线，以及在此基础上做出其他方向的直线和曲线。使用丁字尺过程中，习惯以图板左侧为基准，靠紧图板边均匀用力，自上而下移动，自左向右绘制水平直线。丁字尺的使用方法如图 5.2 所示。

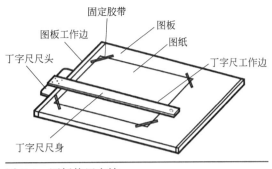

**图 5.1** 图板使用方法

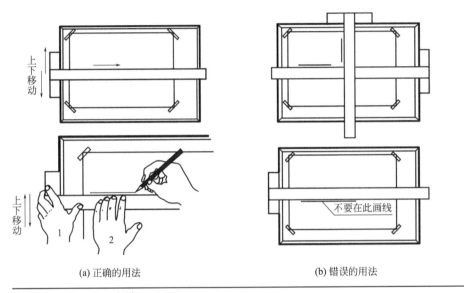

(a) 正确的用法    (b) 错误的用法

**图 5.2** 丁字尺使用方法

## 3. 一字尺

依靠尺两端滑轮沿固定在图板上的两条线均匀滑动，来绘制水平向的平行直线，其作用同丁字尺。

## 4. 三角板

常用三角板有 30° 直角三角板和 45° 直角三角板、旋转三角板三种。使用时紧靠丁字尺或一字尺上部，自左向右移动三角板，自下而上绘制 30°、45°、60°、90° 方向平行直线；自右向左移动三角板，自上而下绘制 120°、135°、150° 方向平行直线，在此基础上通过三角板的组合绘制 15°、75°、105°、165° 方向平行直线（图 5.3）。旋转三角板的使用原理是将其一边紧靠丁字尺，另一边以三角板左端为固定轴可旋转至任意角度，从而可以绘制任意角度的平行直线，并能够通过板上的刻度准确地读出任意状态的直线与水平向所成的角度。

## 5. 圆规

圆规分可连续调节圆规和随意调节圆规两种。笔尖尽量保持与纸面垂直，按顺时针方向绘制。绘图时，注意保护圆心和圆规的稳定、均匀、连续。常见的圆规构件及其使用方法如图 5.4 所示。

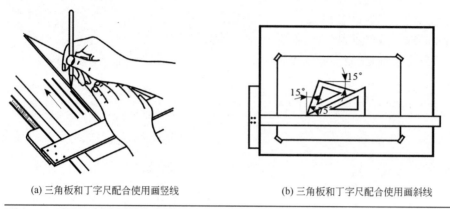

(a) 三角板和丁字尺配合使用画竖线　　　　　(b) 三角板和丁字尺配合使用画斜线

**图 5.3**　三角板与丁字尺的配合使用

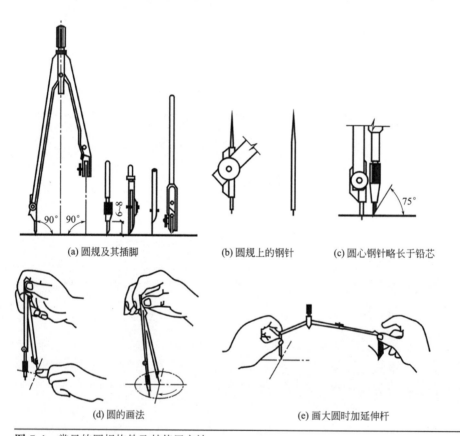

(a) 圆规及其插脚　　　　　(b) 圆规上的钢针　　　　　(c) 圆心钢针略长于铅芯

(d) 圆的画法　　　　　(e) 画大圆时加延伸杆

**图 5.4**　常见的圆规构件及其使用方法

## 6. 分规

分规可任意调整端部的间距，可以度量长度、量取等长线段、作线段中分线和角等分线（图 5.5）。

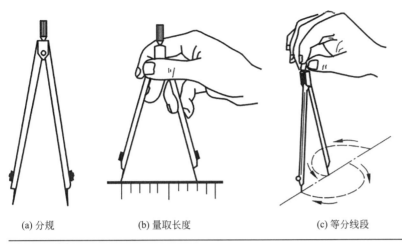

| (a) 分规 | (b) 量取长度 | (c) 等分线段 |

**图 5.5** 分规

## 7. 针管笔

针管笔是墨线工具制图最重要的工具。根据绘制出墨线宽度的不同，针管笔的型号通常有 0.1、0.18、0.2、0.3、0.4、0.5、0.6、0.7、0.8、0.9、1.0、1.2（单位：mm）等多种。绘图时要求针管笔笔尖与尺边保持一微小的距离，向尺外保持一定的角度，均匀连续运笔，按照先上后下、先曲后直、先细后粗的顺序绘制建筑图（图 5.6）。

| (a) 正确的笔位 | (b) 不正确的笔位 |

**图 5.6** 针管笔

## 8. 比例尺

片条比例尺有四种比例刻度，三棱比例尺有六种比例刻度（图 5.7）。比例表达的概念是实物的图面长度与其真实长度之间的比值，如 1：100 即表示在图纸上绘制一个单位的长度，代表了 100 个单位的实物长度。而比例尺则是通过建筑设计中常用的比例的换算，在图纸上绘制一定的长度，在尺上直接标识出实物长度。如 1：200 比例尺上 1m 的刻度，代表的就是 1m 长的实物，而尺上的长度是 5mm，即 5mm 的纸面长度代表了 1000mm 即 1m 的实物长度，因此用这种比例绘出的图形上的长度是实物长度的二百分之一，它们之间的比例关系是 1：200。

## 9. 模板

圆模板、椭圆模板可直接绘制不同半径和长短轴的圆和椭圆；建筑模板（图 5.8）可直接绘制一定比例下的常用建筑构配件；数字模板可书写一定字高和字形的数字和英文字母。模板运用的意义在于简单、迅捷、规整地绘制常用的图形和文字。

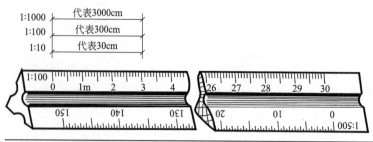

**图 5.7　三棱比例尺**

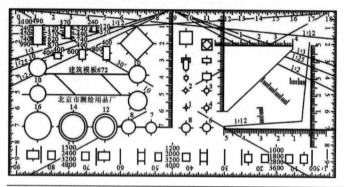

**图 5.8　建筑模板**

## 10. 曲线尺

　　曲线尺可绘制连续变化曲率的曲线，适用于建筑设计构思阶段、方案阶段等特殊需要曲线的绘制。常见的曲线尺如图 5.9 所示。

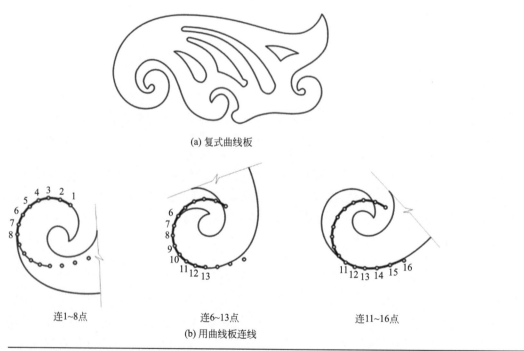

(a) 复式曲线板

连1~8点　　　　　连6~13点　　　　　连11~16点

(b) 用曲线板连线

**图 5.9　曲线尺**

另外，建筑工具制图还需铅笔、橡皮、裁纸刀、擦图片（图 5.10）、胶带纸等共同完成。

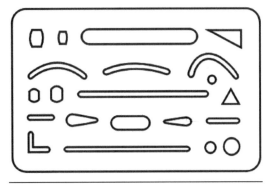

图 5.10 擦图片

## 三、建筑平立剖面图的绘制

### 1. 平立剖面图的形成

平面图、立面图、剖面图是表达建筑实体、空间构成关系最基本的方式之一。

建筑平面图是根据表达内容的需要，按一定的比例，一般在建筑物的门窗洞口高度上作水平剖切后向下俯视，所形成的包括剖切面和可视线面，以及必要的尺寸、标高、简单文字说明在内的正投影图。如遇不可见部分应用虚线绘制。建筑屋顶平面图应在屋面以上作俯视正投影图，室内顶棚平面图应用镜像投影法绘制。各类平面图的方向宜与总平面图方向一致。建筑各层平面图的名称可用所在楼层数或该楼层的标高来表示。建筑平面图主要用来表达建筑水平向的空间构成和连接关系。

建筑立面图是以一定的比例和按照一定的方向，由可见的建筑轮廓线、门窗洞口、墙面线脚和构配件，以及必要的尺寸、标高、简单文字说明构成的正投影图。室内立面图包括投影方向的可见室内轮廓线和装修构配件，需要表达的非固定家具、灯具、装饰物等，以及必要的尺寸、标高、简单文字说明在内的正投影图。对于平面轮廓复杂的建筑，立面图可分段绘制或展开绘制，并在立面图的图名中清楚标明。建筑立面图的名称可按立面端部轴线编号编注（如①—⑩轴立面图），无定位轴线的建筑可按建筑各面的朝向确定立面图名称（如南立面图）。建筑立面图主要是用来表达建筑外观上的体块和构配件构成，以及层次、比例、虚实等关系。

建筑剖面图是以一定的比例，按照平面图中指定的位置和方向，用一个垂直面对建筑作剖切，形成的包括剖切断面和沿投射方向看到建筑构造、构配件，以及必要的尺寸、标高、简单文字说明在内的正投影图。剖切面也可同时选择两个平行或成角度的垂直面，连续绘制。剖面图的编号宜用阿拉伯数字，并与平面图中剖切符号一致。剖面图主要是用来表达建筑竖直方向上的空间构成和连接关系。

建筑断面图与剖面图相似，区别在于断面图只绘制剖切面切到的部分，看到的部分则省略。

建筑轴侧图是直接表达建筑的三维形体与尺度关系的轴侧投影图，可分为正等侧、正二侧、正面斜等侧、正面斜二侧、水平斜等侧、水平斜二侧等。

### 2. 工具制图的图线

建筑平立剖面图、轴侧图均是以线条绘制的形式表现出来，而实际上建筑的构成内容是有层次的，同样表达的中心和重要性也是有区别的，这表明在工具制图时单一的线条是无法完成建筑复杂内容的表达的，因此需要运用不同宽度的图线——线型来对应不同内容的表达。图线的基本线宽 $b$，以及根据图样的复杂程度和比例大小选定的线宽组，宜从表 5.1 选取。

表 5.1　线宽组

| 线宽比 | 线宽组 /mm | | | | | |
|---|---|---|---|---|---|---|
| $b$ | 2.0 | 1.4 | 1.0 | 0.7 | 0.5 | 0.35 |
| $0.5b$ | 1.0 | 0.7 | 0.5 | 0.35 | 0.25 | 0.18 |
| $0.25b$ | 0.5 | 0.35 | 0.25 | 0.18 | — | — |

根据表达内容的需要，建筑工具制图图线的选择应符合表 5.2 的规定。

表 5.2　图线

| 名称 | 线型 | 线宽 | 用途 |
|---|---|---|---|
| 粗实线 | ▬▬▬ | $b$ | 1.平、剖面图中被剖切的主要建筑构造的轮廓线<br>2.建筑立面图或室内立面图的外轮廓线<br>3.建筑构造详图中被剖切的主要部分的轮廓线<br>4.建筑构配件详图中的外轮廓线<br>5.平、立、剖面图的剖切符号 |
| 中实线 | —— | $0.5b$ | 1.平、剖面图中被剖切的次要建筑构造的轮廓线<br>2.建筑平、立、剖面图中建筑构配件的轮廓线<br>3.建筑构造详图及建筑构配件详图中的一般轮廓线 |
| 细实线 | —— | $0.25b$ | 小于 $0.5b$ 的图形线、尺寸线、尺寸界限、图例线、索引符号、标高符号、详图材料做法引出线等 |
| 中虚线 | | $0.5b$ | 1.建筑构造详图及建筑构配件详图中不可见的轮廓线<br>2.拟扩建的建筑物轮廓线 |
| 细虚线 | | $0.25b$ | 小于 $0.5b$ 的不可见轮廓线 |
| 细单点长划线 | | $0.25b$ | 中心线、对称线、定位轴线 |
| 折断线 | | $0.25b$ | 不需画全的断开界线 |
| 波浪线 | | $0.25b$ | 不需画全的断开界线<br>构造层次的断开界线 |

图线的绘制过程中应注意：

① 点划线的两端应是线段，不应是点；点划线与点划线交接或点划线与其他图线交接时，应是线段相交。

② 虚线与虚线交接或虚线与其他图线交接时，应是线段相交；虚线为实线的延长线时，不得与实线连接。

③ 图线不得与文字、数字或符号重叠混淆，不可避免时，应首先保证文字等的清晰。

## 3. 尺寸标注

建筑制图的尺寸标注是为了配合一定比例的图线更直观、准确地反映建筑的真实长度、高度和间距。尺寸标注由尺寸界线、尺寸线、尺寸起止符号和尺寸数字组成。其中尺寸界线用细实线绘制，一般与被标注长度垂直，其一端应离开图样轮廓线不小于 2mm，另一端宜超出尺寸线 2～3mm；尺寸线与被标注长度平行，用细实线绘制，图样本身任何图线不得用作尺寸线；尺寸起止符号一般用中粗斜短线绘制，其倾斜方向应与尺寸线成顺时针 45° 角，长度为 2～3mm，半径、直径、角度、弧长的尺寸起止符号宜用箭头表示；尺寸数字的方向应按图5.11的规定注写。

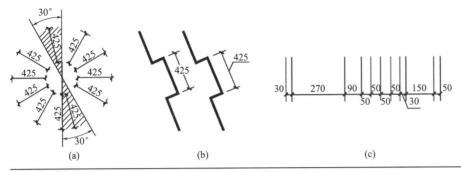

**图 5.11**  尺寸数字书写方向（单位：mm）

建筑设计资料集 第一册（第二版）[M]. 北京：中国建筑工业出版社，1994: 20.

半径的尺寸线应一端从圆心开始，另一端箭头指至圆弧，半径数字前应加注半径符号"*R*"［图5.12（a）］；较小圆弧的半径，可按图5.12（b）式样标注；较大圆弧的半径，可按图5.12（c）式样标注。

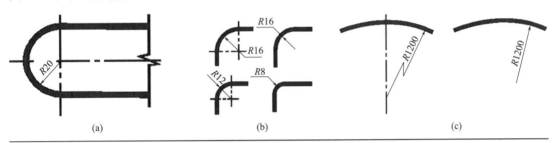

**图 5.12**  半径尺寸标注（单位：mm）

建筑设计资料集 第一册（第二版）[M]. 北京：中国建筑工业出版社，1994: 20.

直径的尺寸线要通过圆心，两端箭头指至圆弧，直径数字前应加注直径符号"$\phi$"［图5.13（a）］；较小圆的直径尺寸可标注在圆外［图5.13（b）］。

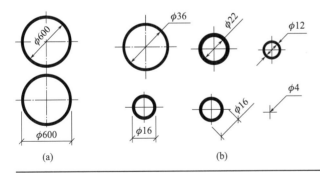

**图 5.13**  直径尺寸数字书写方向（单位：mm）

建筑设计资料集 第一册（第二版）[M]. 北京：中国建筑工业出版社，1994: 20.

球体半径、直径的尺寸标注方法同圆的半径、直径的尺寸标注，区别只是在尺寸数字前加注"*SR*"或"*S*$\phi$"。

角度标注的尺寸线是以该角的顶点为圆心的圆弧，角的两边为尺寸界线，尺寸起止符号为箭头并指至角边线，角度数字按水平方向书写。

圆弧标注弧长时，尺寸线用与该圆弧平行的圆弧线表示，尺寸界线垂直于该圆弧的弦，尺寸起止符号为箭头并指至尺寸界线，弧长数字上方应加注圆弧符号"⌒"。

圆弧标注弦长时，尺寸线应以平行于该弦的直线表示，尺寸界线垂直于该弦，尺寸起止符号用中粗斜短线表示。

坡度标注应加注坡度符号"∠"，该符号为单面箭头，指向下坡方向。坡度也可用三角形形式标注。

非圆曲线可用坐标形式标注尺寸，复杂的图形可用网格形式标注尺寸。

标高的标注应以细实线绘制的等腰三角形表示，总平面图中室外地坪标高符号用涂黑等腰三角形表示。标高数字以"米"为单位，标至毫米位，总平面图中标至厘米位。零点标高注写成 0.000，正数标高不注"+"，负数标高应注"−"。

## 4. 其他相关概念

（1）图纸幅面与图框尺寸应符合表 5.3 规定的格式。

表 5.3　幅面与图框尺寸　　　　　　　　　　　　　　单位：mm

| 尺寸代号 | 幅面代号 | | | | |
|---|---|---|---|---|---|
| | A0 | A1 | A2 | A3 | A4 |
| $b \times l$ | 841 × 1189 | 594 × 841 | 420 × 594 | 297 × 420 | 210 × 297 |
| $c$ | 10 | | | 5 | |
| $a$ | 25 | | | | |

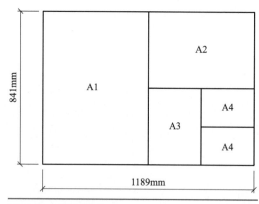

**图 5.14**　幅面格式

具体幅面格式如图 5.14 所示。

（2）定位轴线

为了清楚说明建筑构配件在建筑中的位置，以及构配件之间的相对尺寸关系，把确定建筑中主要的结构构件如承重墙体、柱等位置的辅助线称为定位轴线，并按顺序编号。定位轴线和由多个、多方向的定位轴线组成的轴线网，构成了建筑从整体到局部构配件的定位基准。

定位轴线应用细点划线绘制，其编号应注写在轴线端部 8 ~ 10mm 用细实线绘制的圆内。

建筑平面图中定位轴线的编号，横向编号用阿拉伯数字自左向右顺序注写，竖向编号用大写拉丁字母自下向上注写。其中拉丁字母 I、O、Z 不得用作轴线标号，以避免与阿拉伯数字 1、0、2 混淆。拉丁字母数量不够使用时，可增用双字母或单字母加数字注脚，如 AA、BA、CA…YA 或 A1、B1、C1…Y1。

两根定位轴线之间的附加轴线编号以分数形式表示，分母表示前一根轴线的编号，分子表示附加轴线编号，依次用阿拉伯数字注写，如图 5.15（a）；1 号轴线或 A 号

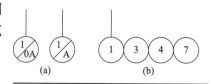

**图 5.15**　定位轴线标注

建筑设计资料集 第一册（第二版）[M]. 北京：中国建筑工业出版社，1994: 21.

轴线之前的附加轴线编号，分母以 01 或 0A 表示，如图 5.15（a）。一个详图适用于多根轴线时，应同时依次注明相关轴线编号，如图 5.15（b）。

（3）建筑模数

模数，即为选定的尺寸，作为尺度协调中的增值单位，其目的在于在建筑的设计、制作、安装过程中，减少建筑构配件的尺度变化，做到标准化生产；在现场组装时，不需切割，实现不同构配件间的协调和可互换；在尺寸设计时有参照的尺度基准和更大的灵活性。

建筑设计中，不同的建筑构配件适用的模数是不一样的，需要协调，为此产生了基本模数——即模数协调中选用的基本尺寸单位，目前世界各国均采用 100mm 为基本模数值，其符号为 M，即 1M=100mm；扩大模数——即基本模数的整数倍数，如 3M、6M…60M 等；分模数——整数除基本模数的数值，如 1/2M、1/5M、1/10M 等。由基本模数、扩大模数和分模数构成了建筑模数系列（表 5.4）。

表 5.4　常用模数系列　　　　　　单位：mm

| 模数名称 | 基本模数 | 扩大模数 | | | | | | 分模数 | | |
|---|---|---|---|---|---|---|---|---|---|---|
| 模数基数<br>基数数值 | 1M<br>100 | 3M<br>300 | 6M<br>600 | 12M<br>1200 | 15M<br>1500 | 30M<br>3000 | 60M<br>6000 | 1/2M<br>50 | 1/5M<br>20 | 1/10M<br>10 |
| 模数系列 | 100 | 300 | | | | | | | | 10 |
| | 200 | 600 | 600 | | | | | | 20 | 20 |
| | 300 | 900 | | | | | | | | 30 |
| | 400 | 1200 | 1200 | 1200 | | | | | 40 | 40 |
| | 500 | 1500 | | | 1500 | | | 50 | | 50 |
| | 600 | 1800 | 1800 | | | | | | 60 | 60 |
| | 700 | 2100 | | | | | | | | 70 |
| | 800 | 2400 | 2400 | 2400 | | | | | 80 | 80 |
| | 900 | 2700 | | | | | | | | 90 |
| | 1000 | 3000 | 3000 | | 3000 | 3000 | | 100 | 100 | 100 |
| | 1100 | 3300 | | | | | | | | 110 |
| | 1200 | 3600 | 3600 | 3600 | | | | | 120 | 120 |
| | 1400 | 3900 | | | | | | | | 130 |
| | 1500 | 4200 | 4200 | | | | | | 140 | 140 |
| | 1600 | 4500 | | | 4500 | | | 150 | | 150 |
| | 1800 | 4800 | 4800 | 4800 | | | | | 160 | 160 |
| | 1900 | 5100 | | | | | | | | 170 |
| | 2000 | 5400 | 5400 | | | | | | 180 | 180 |
| | 2100 | 5700 | | | | | | | | 190 |
| | 2200 | 6000 | 6000 | 6000 | 6000 | 6000 | 6000 | 200 | 200 | 200 |
| | 2400 | 6300 | | | | | | | 220 | |
| | 2500 | 6600 | 6600 | | | | | | 240 | |
| | 2600 | 6900 | | | | | | 250 | | |
| | 2700 | 7200 | 7200 | 7200 | | | | | 260 | |
| | 2800 | 7500 | | | 7500 | | | | 280 | |
| | 2900 | | 7800 | | | | | 300 | 300 | |
| | 3000 | | 8400 | 8400 | | | | | 320 | |
| | 3100 | | 9000 | | 9000 | 9000 | | | 340 | |
| | 3200 | | 9600 | 9600 | | | | 350 | | |
| | 3300 | | | | 10500 | | | | 360 | |
| | 3400 | | | 10800 | | | | | 380 | |
| | 3500 | | | 12000 | 12000 | 12000 | 12000 | 400 | 400 | |
| | 3600 | | | | | 15000 | | | | |

模数应用范围：基本模数用于建筑物层高、门窗洞口和构配件截面处；扩大模数用于建筑物的开间、进深、柱距或跨度、层高、构配件截面尺寸和门窗洞口等处；分模数用于缝隙、构造节点和构配件截面处。

（4）符号

① 剖视剖切符号［图5.16（a）］

由剖切位置线、剖视方向线和剖切编号组成。剖切位置线长6～10mm，剖视方向线垂直于剖切位置线，指向剖视方向，长4～6mm，二者均用粗实线绘制；剖切编号由左至右、由下至上编排，注写在剖视方向线端部。剖切符号应注在0.000标高平面图上。

② 断面剖切符号［图5.16（b）］

只用剖切位置线和剖切编号表示。剖切位置线用粗实线绘制；剖切编号注写在剖切位置线指向剖视方向的一侧。

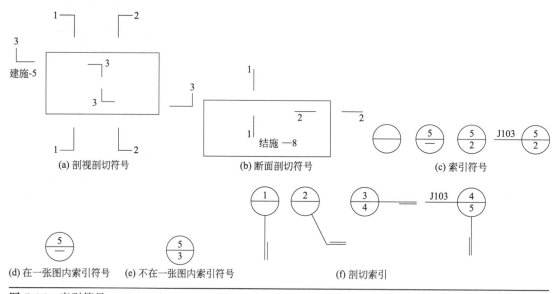

**图5.16** 索引符号

建筑设计资料集 第一册（第二版）[M]. 北京：中国建筑工业出版社，1994: 21.

③ 索引符号［图5.16（c）］

图样中的某一局部或构配件，如需另见详图，应用索引符号引出。索引符号由直径10mm的圆、水平直径和索引编号组成，圆和水平直径用细实线绘制，索引出的详图与被索引图样在同一张图纸内时，应在索引符号的上半圆中用阿拉伯数字注写该详图的编号，在下半圆中画一段水平细实线［图5.16（d）］；索引出的详图与被索引图样不在同一张图纸内时，应在索引符号的上半圆中用阿拉伯数字注写该详图的编号，在下半圆中用阿拉伯数字注写该详图所在图纸的编号［图5.16（e）］。索引符号用于索引剖视详图时，在被剖切位置绘制剖切位置线，并以引出线引出索引符号，引出线所在的一侧为剖视方向［图5.16（f）］。

④ 详图符号

由粗实线绘制的直径14mm的圆和详图编号组成。详图与被索引图样在同一张图纸内时，应在详图符号的圆内用阿拉伯数字注写该详图的编号；详图与被索引图样不在同一张图纸内时，应在详图符号的圆内画水平直径，在上半圆中注写该详图的编号，在下半圆中注写被索引图样的图纸编号。

⑤ 对称符号（图 5.17）

由对称线和两对平行线组成。对称线用细点划线绘制，平行线用细实线绘制，长 6～10mm，每对间距 2～3mm，对称线垂直平分平行线，两端超出平行线 2～3mm。

⑥ 指北针（图 5.18）

其圆直径 24mm 或更大，用细实线绘制，指针尾部宽 3mm 或圆直径的 1/8，指针头部注写"北"或"N"。

图 5.17 对称符号

北

图 5.18 指北针

图 5.17、图 5.18 引自建筑设计资料集 第一册（第二版）[M]. 北京：中国建筑工业出版社，1994: 21.

# 第二节 建筑钢笔画技法

## 一、建筑钢笔画简介

钢笔画是具有丰富表现力的画种之一，它既有素描层次丰富的表现力，又具有黑白对比强烈的特点。钢笔画最早见于欧洲的建筑庭院图稿，以及其他构思、构图素描画稿。它流传广泛，具有悠久的历史，并逐渐形成独立完整的绘画形式。钢笔画运用线的结合，以线的粗细、长短、疏密、曲直等来组织画面，画面效果概括、提炼、明快肯定，舍弃烦琐的细微变化，突出鲜明的黑白对比。缺点是不易擦改，必须一气呵成。

在建筑设计领域里，用钢笔来表现建筑比较普遍，这不仅因为其独特的效果，而且较之铅笔画等画种，更便于制版印刷、晒图复印。建筑设计者通过钢笔画来搜集创作素材资料，作设计构思草图，画建筑画，在旅行写生、速写时钢笔画也常常大显身手。

有时钢笔画还可以与毛笔、木炭笔、粉笔等结合使用，也可以在钢笔稿的基础上涂上淡彩，成为淡彩钢笔画，这些都会在建筑表现时经常用到。

## 二、钢笔画工具

钢笔画的选择直接影响到绘画的表现形式和风格特征，选择适合自己的钢笔画工具是很重要的。钢笔画常用的笔有自来水笔、蘸水钢笔、针管笔、弯头美工笔等，均可在文化用品商店购得。也可以根据需要自己加工改造和制作，如将普通的自来水笔的笔尖弯成一定的角度即可制成弯头美工笔。弯头美工笔的笔尖可以画出细而匀的线条，笔的根基部可以画出粗而阔的深色细条（图 5.19）。除有上述各种性能的笔以外，还有竹笔、羽管笔、芦管笔等可供选用。

图 5.19　弯头美工笔

钢笔画使用的墨水，最好是有光泽而又无沉淀渣滓的墨水，一般选用碳素墨水即可。有时人们也选用其他颜色的墨水作钢笔画，这会给人们带来一种特殊的风格和感受。但要注意的是一幅画通常只能用一种颜色的墨水来完成。

钢笔画的纸张，要求纸质坚实，纸面光滑平整而无纹理，同时具有一定的吸水性。一般的道林纸、铜版纸、卡纸等均是理想的用纸。

为了便于修改画面，我们可以准备一把刀笔（可以制成斜口小刀），或者普通的刀片也行。有时也可以用它来创造一些特殊的效果，如在深色调子上刮出反光的效果等。

## 三、钢笔画线条

钢笔画的特点决定了画线和组织线条是钢笔表现建筑技法的基本手段。钢笔画的线条和笔触具有生动感和运动感，要求线条自然流畅，笔触丰富而富有神采。

在钢笔画中，除了纯白和纯黑以外，凡是中间色调——从浅灰到深灰，都是由组成这种色调的线条组织起来得到的。绘画对象的结构、质感、光影等都需要选用不同形式的线条来描绘。线条的组织对于最后的完成效果起着重要的意义，而利用不同形式的线条组织来表现不同的对象，这也是钢笔画的特长。不同的线条组合与排列，会给人以不同的视觉效果。

### 1. 单线与轮廓线

单线的种类有直线、折线、曲线等，线条的运用有轻重快慢之分。运笔轻，线条细；运笔重，线条粗；运笔快，线条流畅；运笔慢，线条钝涩。运笔时要放松，一气呵成。过长的线条不要分小段反复描绘或搭接描绘，可以在中间断开分段画。不要强求线的笔直，中间有小弯不要紧，整体是直的即可，保持线的连贯性和流畅性是很重要的，可以根据景物的不同特点加以运用（图 5.20）。

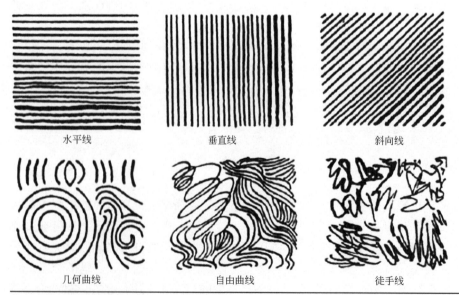

| 水平线 | 垂直线 | 斜向线 |
| 几何曲线 | 自由曲线 | 徒手线 |

图 5.20　钢笔线条的连贯性和流畅性效果

钟训正. 建筑画环境表现与技法 [M]. 北京: 中国建筑工业出版社, 2004.

建筑以及配景的轮廓线多用单线描绘。轮廓线表示的是对象的形体结构，它指挥和制约着其他线条的运用。通常描绘比较肯定的建筑物时，只要将轮廓线画准确、简练就行了。而处理古老、残旧的建筑以及树、水、云等轮廓模糊的景物时，应该学会概括和提炼的手法。比如断线、自由变化曲线、粗糙线条以及留白等方法的运用，以便给人留有想象的余地，从而提示出空间和质感的存在（图 5.21）。

图 5.21 断线、自由变化的线及粗糙线、留白营造的空间与质感

## 2. 排线与网线

线条并列和移动形成排线。排线和排线相交便形成网线。竖线、横线、斜线、曲线、交叉线、席纹、回转纹、乱线等线组，为表达建筑以及配景的不同材质提供了丰富的表现手段（图 5.22）。

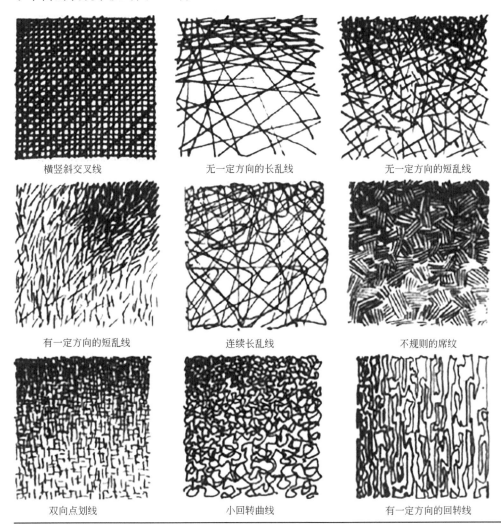

横竖斜交叉线　　无一定方向的长乱线　　无一定方向的短乱线

有一定方向的短乱线　　连续长乱线　　不规则的席纹

双向点划线　　小回转曲线　　有一定方向的回转线

图 5.22 排线

钟训正 . 建筑画环境表现与技法 [M]. 北京：中国建筑工业出版社，2004: 扉页 .

组成线网时，要注意排线之间的交角，交角大的线网适合表现粗糙的景物，如石墙面等，交角小的线网适合表现柔和细致的景物，如云彩、光滑的墙面等（图 5.23）。

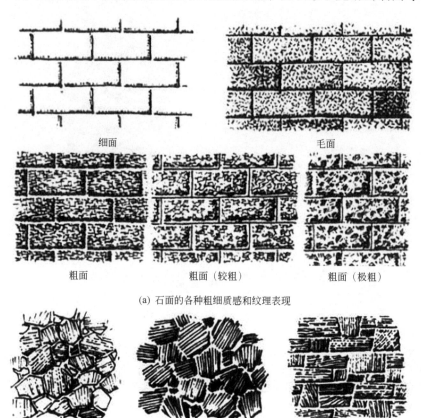

细面　　　　　　　　　　　　　　毛面

粗面　　　　　粗面（较粗）　　　　粗面（极粗）

(a) 石面的各种粗细质感和纹理表现

(b) 石块表面带有凿痕，纹理方向不尽相同

**图 5.23　网线**

钟训正. 建筑画环境表现与技法 [M]. 北京：中国建筑工业出版社，2004: 134.

### 3. 笔触

钢笔运笔的轻重、长短、方向、速度等的不同形成各种笔触，笔触带给画面或细腻华丽或粗犷磅礴的不同趣味。比如中锋运笔肯定明确，清晰有力；颤笔似断又连，艰涩古朴；运笔较重会形成压笔笔触，利于表现颜色较重的部分；运笔逆行形成反笔笔触，用于表现大面积的深色；笔尖轻点可以形成如雾似幻的迷蒙；多笔触的融合，可以形成变化丰富的斑斓等（图 5.24）。

## 四、调子与层次

### 1. 调子

钢笔画是通过正确处理色调——黑白灰三者的关系来

**图 5.24　笔触的运用**

表现景物的。具体来说，是运用线条的组合和不同的笔触来形成深浅层次和调子。钢笔画的色彩主要取决于线条的疏密、粗细，愈是排列紧密，笔触阔大叠加遍数多的线条所组成的画面，色调就越深；而线条疏而细，叠加遍数少的，线条所形成的画面色调就浅（图 5.25 ）。

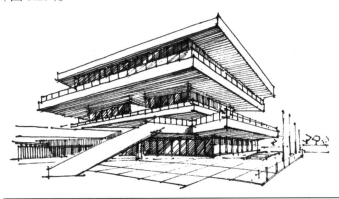

图 5.25　调子深浅

与其他画种相比，钢笔画具有两个突出的特点：一是黑白对比特别强烈。黑与白是钢笔画中两个最基本的因素，黑与白所带来的强烈的反差为钢笔画带来了生动鲜明的效果。二是中间色调没有其他画种丰富，表现起来有一定的难度。这就要求我们必须舍弃烦琐的细微的变化，运用概括的方法，突出黑白对比，并在把握好黑白对比强烈的大关系的前提下，注意图中的中间层次——灰色部分，从而使画面层次丰富且耐人寻味，如彭一刚所绘"绮玉轩"，画面效果典雅而细腻（图 5.26 ）。

图 5.26　绮玉轩（彭一刚　绘）
彭一刚. 创意与表现 [M]. 哈尔滨：黑龙江科学技术出版社，1994.

所谓概括方法，就是在画钢笔画时，通过对所画的对象的仔细分析和理解，着重表现对象中比较突出的要素，对于一些次要的细枝末节上的变化，则应该大胆地予以舍弃。这样通过去粗取精、概括和提炼，不但不会因此而损坏所绘景物的固有本质，相反，却会充分发挥钢笔画以少胜多、给人以丰富想象空间的特有的艺术魅力（图 5.27、图 5.28 ）。

图 5.27　防洪纪念塔

图 5.28 故宫速写

　　当然，同时我们也不能忽视中间色调的作用。中间色调的存在，可以避免黑色对比失调，增加画面的层次感。有时为了使画面主体突出和增加想象的余地，我们还常用"空白"处理，即在对周边建筑物进行表现时，将画面的边缘部分作忽略和省略处理，使周边四角逐渐淡出乃至空白。这样既能避免画面满铺的呆板和郁闷，从而带来生气和活力，同时可以将人的目光和注意力引导聚焦至画面的主体上来（图 5.29、图 5.30）。

## 2. 层次

　　这里的层次是指我们描绘建筑时所表现的空间深度。产生层次与空间感的原因既与透视本身的三度空间感直接相关，同时也与空气中的尘埃与水汽对物体的明暗、色彩和清晰度影响有关。通常我们可以将画面分成三个层次：近景、中景、远景。

图 5.29　突出画面主体

　　近景的主要作用是使描绘的建筑退后，给人以观赏的距离，同时起到画框的作用。近景多为建筑物前面的环境，如人、车、花、草、树木等。近景需要注意外轮廓形状，可以配以深色剪影，也可以留白或用浅色调。由于近景是起陪衬作用的，因此画时不能过于强调本身的体积感，明暗的变化宜平淡。近景中的物体不必追求完整性，常常以局部出现（图 5.31）。

图 5.30　两边做留白和省略

**图 5.31** 某旅游区方案

中景是主要描绘的对象——建筑物。中景应具有较强的体积感和透视感，黑白对比强烈，细节表达充分，质感、色感、光影表现明晰，位置经营得当。这是建筑钢笔画表现重点，也是我们需要费心琢磨的地方（图 5.32）。

**图 5.32** 中景的重点刻画

远景是建筑物后面的衬托景物，它加深了画面的深远感。远景的用色宜灰，不宜强调体积感与明暗关系，在画面中同近景一样，应处于从属的地位。通常将远景物象作高度概括、简要表现，色调变化小，甚至无变化，如彭一刚所绘"临渊坊"（图 5.33）。

**图 5.33** 临渊坊（彭一刚 绘）

彭一刚. 创意与表现 [M]. 哈尔滨：黑龙江科学技术出版社，1994：195.

近景、中景和远景的色阶上的对比不是固定的，应根据具体的情况灵活运用。一般多利用前后景明暗的对比关系来加强层次感，应以加强整体画面效果的空间深度为最终目的。

## 五、途径步骤

### 1. 途径

初学者应首先作各种线条及其组合的练习，一方面体会运笔时的速度、力度以及角度等笔触的变化，另一方面熟悉线条长短、轻重、曲直、粗细以及组合的各种变化。这也为进一步的正式绘画打下良好的基础。

然后我们就可以开始临摹了，临摹是学习钢笔画的必要途径。通过临摹，我们可以学习建筑钢笔画的基本绘画技能、表现方法和规律。临摹的摹本非常重要，最开始的时候一定要从简单的画面摹起，比如用单线表现的建筑局部或体块清晰明确的单体建筑。这时候首先要注意抓大形，力求将轮廓、形体比例与透视关系画准，然后再研究它的概括取舍和用线特征等。在教学中常有学生一开始就选择复杂而难度较大的作品来临摹，或者选择风格比较狂放而看不清细节的"大师"级作品来临，"未会走先学跑"，结果由于学不像而失去了学习兴趣和信心。由简到繁、循序渐进是我们必须经历的学习过程。

在临摹时应增强主动性和目的性，减少被动和盲目。每次临摹前一定要仔细分析原作，包括它的构图、透视角度、排线方法、质感和光影以及色调的表现等，找出最想学的地方。有目的、有选择的临摹会使我们每画完一张都能有所收获。

当我们临摹了一些作品并掌握了基本方法和规律后，就应该可以开始实地写生了。实地写生不同于临摹，只有在写生中我们才能学会对物象的概括和取舍，学会处理局部与整体、物象与表现的关系，从而加深对建筑钢笔画的理解。在写生时，我们同样要由简到繁，有选择、有目的地进行。写生时不要急于动笔，要对物象进行多角度地观察、分析和比较，选择最佳的透视角度、视点和距离，一般成角透视建筑立体感强，而高视点俯视易于表现建筑环境以及建筑群体（图5.34），仰角透视适于表现宏伟高大的建筑物，如应县木塔仰视图（图5.35）。

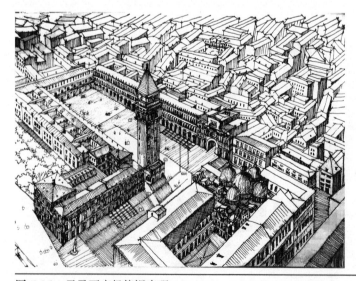

**图5.34** 圣马可广场俯视表现

**图 5.35** 应县木塔仰视

　　写生的关键是准确，抓住画面整体效果，包括建筑的透视关系、形体比例、画面的构图、重点部位的刻画等。当我们落笔前一定要做到心中有数，胸有成竹，这样才能够意在笔尖，取舍有度，下笔之后一气呵成，准确、精炼地表现对象。

　　建筑风景照片的摹写与再创作也是我们学习建筑钢笔画的有效途径之一。我们可以尝试运用不同的表达方法对同一张照片进行再现。单线白描，明暗表现；单线与明暗结合表现等。也可以尝试各种不同绘图工具来体会它们为钢笔画所带来的独特的艺术魅力，从而迅速提高表达形象的能力和技巧。

## 2. 步骤

　　对于初学者而言，刚开始临摹和写生时，可以先用铅笔将主要的轮廓打好，然后再用钢笔进行描绘。这样可以避免一张画刚画了寥寥几笔就不得不放弃的窘境。当然，当我们学习了一段时间，有了一定的把握后，必须当机立断抛弃铅笔，直接用钢笔来画，从而克服下笔犹豫、不敢肯定的弊病，进一步培养自己的自信力。

　　作钢笔画的步骤不是一个固定的模式，要根据所描绘的具体对象以及每个人的习惯去运用。各个步骤的前后交叉、循环往复以及顾此失彼的现象都会在实际操作中存在，也是合理的。在画法上也有局部——整体——局部、先深后淡、局部展开等不同的方法，但基本的作画步骤是相同或相似的。

　　（1）立意与构图

　　面对所要表现的对象，不能看到哪画到哪，而要做到胸有成竹，这样下笔之后才能一气呵成。这就要求我们首先要有明确的立意，通过对表现对象的不同角度的仔细观察，包括景物布局、造型特征、透视变化、色调层次、光影变化等，对产生的感受经过整理、取舍和提炼，把握第一印象中最能打动我们的地方，确定所要表现的主题和采取的表现技术取向，然后就可以进行构图和布局了。

构图的时候要先确定画面的长宽比以及建筑物在画面中的大小及位置。建筑周围要适当留空，避免拥塞和压抑感。画建筑时要注意视点和视平线的选择，这直接影响到所描绘景物的整体面貌。开始布局时，可以先勾勒景物的大体轮廓，抓大的动势，由整体而局部，确定大型的比例透视关系和线形关系。确定画面的表现重点和前后层次关系的处理，把握好画面整体的均衡感。画线时要留有一定的余地，可用点以及似断似连的线画出大体线形关系。运笔应有力度，简洁明快。也有先从一个局部开始描绘的，由此及彼循序渐进地展开，这对于初学者有一定的难度，需要时时刻刻对全局有整体的把握，必须经过一段时间的练习才能够掌握。

（2）深入刻画

在造型关系中，整体与局部的关系处理起着指导作用。我们应该从整体出发，从局部入手，对所绘景物进行深入刻画。首先要做到有主有次，需重点刻画的地方要精雕细刻，不吝笔墨；次要的地方则应以简达繁，惜墨如金。其次，明暗光影及色调安排合理，将复杂的光影色调加以概括综合，同时质感表达要真实细腻、取舍有度。此外，还要注意画面空白的处理，用空白来表现水、雪、天空、云彩、树木、墙面和屋顶等，可以为画面平添丰富的想象空间。通过我们精心的分析、理解、概括、提炼和取舍，使画面表现出丰富的层次感、空气感和空间的虚实变化，从而达到既勾画准确不失其形，又充分表达画景的意境的目的。

（3）调整完善

调整的工作不仅仅是最后阶段要进行的，而且应该在绘画的各个过程中随时进行。要求我们从整体出发，随时注意画面黑、白、灰的整体关系并加以控制，随时检验是否达到最初的构思立意效果并加以调整。理顺钢笔画各要素的对比统一关系，太乱则要加强整体性，太呆板则要增强趣味性，太空泛则要强调细节刻画，太灰则应加强重点部位的黑白对比等，以期使整体效果既平衡而又不呆板，主次分明，层次清晰，达到画面理想的对比统一平衡效果。同时我们还要注意配景配置的调整，要围绕主体建筑进行，既不能过于精雕细刻以至于喧宾夺主，又要打破画面的单调感创造浓厚的环境气氛。这时线条明暗的处理应尽量简练，使之与建筑融为一体。

# 第三节　建筑渲染技法

## 一、建筑渲染简介

### 1.建筑渲染的目的

渲染是表现建筑形象的基本技法之一。通过渲染技巧，可在二维平面上获得表达三维空间的形象立体感，从而更能直观地展现建筑形象的无限魅力。

### 2.建筑渲染的种类

比较常见的建筑渲染包括水墨渲染和水彩渲染两大类，即通过调和不同浓淡、不同深浅的墨汁和水彩颜料，运用适当的渲染方法，通过丰富的明暗变化和色彩变化来表现建筑形象的空间、体积、质感、光影和色调。

## 3. 建筑渲染的特点

建筑渲染作为比较传统的表现技法之一，其特点表现为：

（1）形象性

即人们在日常生活中对建筑及其环境的细心观察与体验，素材积累日渐丰富，促使大脑产生记忆和联想，形象思维能力和想象能力不断提高，从而激发建筑创作灵感。

（2）秩序性

任何一种造型艺术都应遵循形式美规律法则，建筑形象的创作亦是如此。在西方古典柱式水墨渲染作业中，既强调画面构图的完整性和诠释柱式主体与背景的主从关系的配合，又强调建筑物在强光照射条件下各组成部分之间的明暗对比关系，从而达到建筑空间和建筑形象的统一。

（3）技巧性

与素描、线描、速写、水彩画、水粉画以及电脑效果图等其他表现技法相比较，建筑渲染技法有其独特的技巧性。具体而言：

① 构图严谨，有序统一（图5.36）。

② 明暗生动，光感强烈（图5.37）。

③ 色彩和谐，变化有序（图5.38）。

④ 渲染均匀，细致入微（图5.39）。

图5.36　构图严谨，有序统一

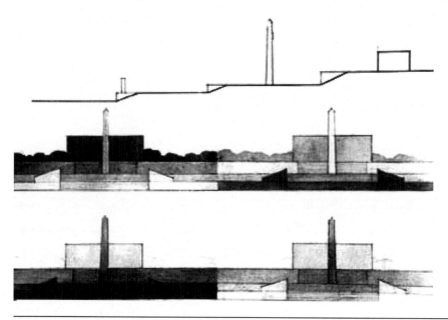

图 5.37 明暗对比

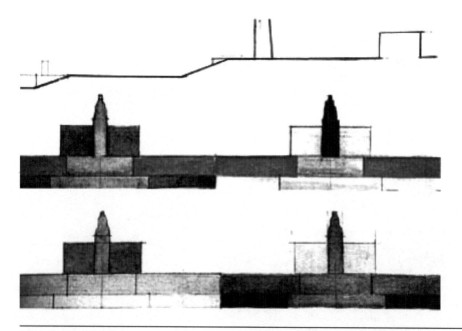

图 5.38 色彩和谐

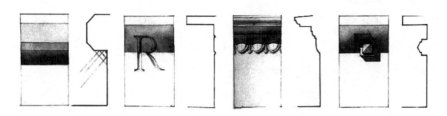

图 5.39 细致入微

图 5.37～图 5.39 引自童鹤龄. 建筑渲染 [M]. 北京：中国建筑工业出版社，1998: 10—11.

## 二、渲染的工具及用具

建筑渲染过程中所需要的工具及用具（图 5.40），具体包括：

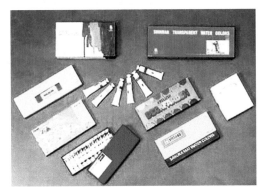

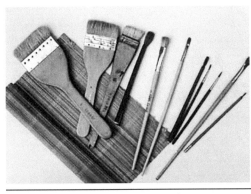

**图 5.40** 建筑渲染过程中所需要的工具及用具

童鹤龄. 建筑渲染 [M]. 北京: 中国建筑工业出版社, 1998: 18.

### 1. 渲染工具

① 毛笔　一般用于小面积渲染，至少准备三支，即大、中、小。可分为：羊毫类，如白云；狼毫类，如依纹或叶筋。

② 排笔　通常用于大面积渲染。排笔宽度一般 50 ～ 100mm，羊毫类。

③ 贮水瓶、塑料桶或广口瓶　用于裱纸以及调和墨汁和水彩颜料。

### 2. 主要调色用具

① 调色盒　分 18 孔和 24 孔，市场有售。

② 小碟或小碗若干　用于不同浓淡的墨汁和不同颜色的调和。

③ "马利牌" 水彩颜料　用于色彩渲染。有 12 色或 18 色，市场有售。

④ "一得阁" 墨汁　用于水墨渲染。瓶装，市场有售。

### 3. 裱纸用具

① 水彩纸　应选择质地较韧、纸面纹理较细又有一定吸水性能的图纸。

② 棉质白毛巾　棉质毛巾吸水性好，较柔软，不易使纸面产生毛皱和擦痕，利于均匀渲染。不使用带有色彩和有印花的毛巾，是避免因毛巾褪色而污染纸面。

③卫生糨糊或纸面胶带（市场有售） 用于把浸湿好的水彩纸固定在图板上。

## 4. 裱纸技巧及方法

为了使所渲染的图纸平整挺阔，方便作画过程顺利进行，避免因用水过多和技法不熟而引起纸皱，渲染前应细心裱纸，以利作画。常见的裱纸方法有两种，即干裱法和湿裱法。

（1）干裱法

干裱法比较简单，适用于篇幅较小的画面。具体步骤为：

① 将纸的四边各向内折 1～2cm。

② 图纸正面刷满清水，反面保持干燥，平铺于图板上。

③ 在图纸内折的 1～2cm 的反面均匀涂上糨糊或胶水，固定在图板上。

④ 把图板平放于通风阴凉干燥的地方，毛巾绞干水后铺在图纸中央，待图纸涂抹糨糊的四个折边完全干透后，再取下毛巾即可（图 5.41）。

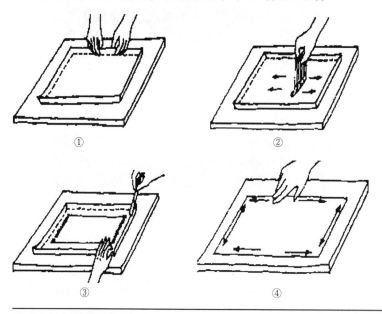

①　②

③　④

**图 5.41**　干裱法步骤

童鹤龄. 建筑渲染 [M]. 北京：中国建筑工业出版社，1998: 23.

（2）湿裱法

湿裱法较干裱法费时多，对画面篇幅的限制小。具体步骤如下：

① 将纸的正反两面都浸湿，如纸张允许，可在水中浸泡 1～3min。

② 把浸湿过的图纸平铺在板上，并用干毛巾蘸去图纸表面多余的水分。

③ 用绞干的湿毛巾卷成卷，轻轻在湿纸上滚动，挤压出纸与图板之间的气泡，同时吸去多余水分。

④ 待纸张完全平整后，用洁净的干布或干纸吸去图纸反面四周纸边 1～2cm 内的水分，将备好的胶水或糨糊涂上，贴在图板上。

⑤ 为防止画纸在干燥收缩过程中沿边绷断，可进一步用备好的 2～3cm 宽的纸面水胶带（市场有售）贴在纸张各边的 1～2cm 处，放在阴凉干燥处待干（图 5.42）。

湿裱法避免了干裱法因纸张正反两面干湿反差大的弊病。由于图纸正反面同步收缩，纸张与图板紧密吻合，上色渲染时只要不大量用水，自始至终可保持平整，利于作画。

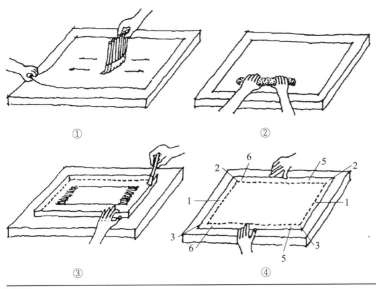

**图 5.42**　湿裱法流程图

童鹤龄. 建筑渲染 [M]. 北京：中国建筑工业出版社，1998: 23.

## 三、渲染技法介绍

### 1. 渲染方法

常见的有三种渲染方法，即平涂法、退晕法和叠加法。

（1）平涂法

平涂法常用于表现受光均匀的平面。一般适合单一色调和明暗的均匀渲染（图 5.43）。

（2）退晕法

退晕法用于受光强度不均匀的平面或曲面。具体来说，可以由浅到深或者由深到浅地进行均匀过渡和变化。例如天空、地面、水面的不同远近的明暗变化以及屋顶、墙面的光影变化及色彩变化等（图 5.44）。

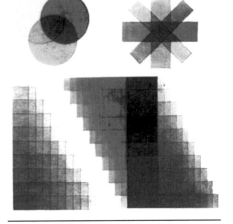

**图 5.43**　平涂法和叠加法

童鹤龄. 建筑渲染 [M]. 北京：中国建筑工业出版社，1998: 23.

（3）叠加法

叠加法用于表现细致、工整刻画的曲面，如圆柱、圆台等。可事先把画面分成若干等份，按照明暗和光影的变化规律，用同一浓淡的墨水平涂，分格叠加，逐层渲染（图 5.43）。

### 2. 渲染的运笔方法

渲染运笔法大致有三种：水平运笔法、垂直运笔法和环形运笔法（图 5.45）

（1）水平运笔法

水平运笔法用大号笔作水平移动，适宜于作大面积部位的渲染。如天空、大块墙面或玻璃幕墙及用来衬托主体的大面积空间背景等。

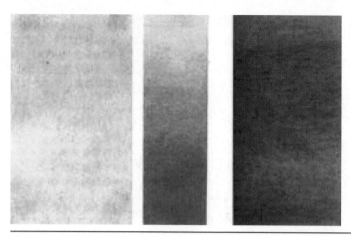

**图 5.44** 退晕法

童鹤龄. 建筑渲染 [M]. 北京: 中国建筑工业出版社, 1998: 23.

  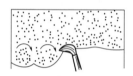

①水平运笔法　　　　　　②垂直运笔法　　　　　　③环形运笔法

**图 5.45** 渲染运笔法示意

童鹤龄. 建筑渲染 [M]. 北京: 中国建筑工业出版社, 1998: 23.

（2）垂直运笔法

垂直运笔法宜作小面积渲染，特别是垂直长条状部位。渲染时应特别注意：

① 上下运笔一次的距离不能过长，以免造成上墨不均匀。

② 同一横排中每次运笔的长短应大致相等，防止局部过长距离的运笔造成墨水急剧下淌而污染整个画面。

（3）环形运笔法

环形运笔法常用于退晕渲染。环形运笔时笔触的移动既起到渲染作用，又发挥其搅拌作用，使前后两次不同浓淡的墨汁能不断均匀调和，从而达到画面柔和渐变的效果。

## 3. 运用渲染技巧的注意事项

在水墨渲染和水彩渲染的过程中，理解并熟练掌握渲染方法与技巧，会使渲染工作更加顺利。一般情况下应注意以下方面：

① 略为抬高图板；

② 退晕时墨水要渐次加深；

③ 开始先用适量清水润湿顶边，避免纸张骤然吸墨；

④ 毛笔蘸墨水量要适中；

⑤ 渲染时应以毛笔带水移动，笔毛不应触及纸面；

⑥ 渲染至图纸底部时应甩干笔中水分，用笔头轻轻吸去上层水分，避免触及底墨（图 5.46）。

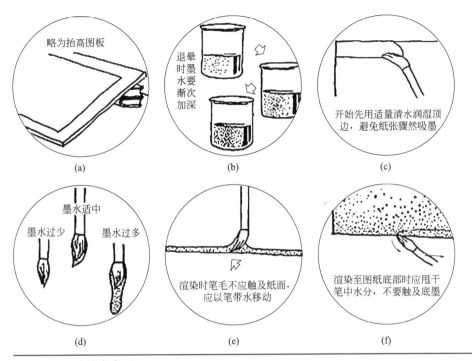

图 5.46 渲染注意事项

童鹤龄. 建筑渲染 [M]. 北京: 中国建筑工业出版社, 1998: 23.

## 4. 光线的构成及其表达法

通常情况下, 建筑画的光线方向确定为上斜向 45°, 而反光方向定为下斜向 45°。它们是在画面上（即平面、立面）的光线表示方法（图 5.47）。

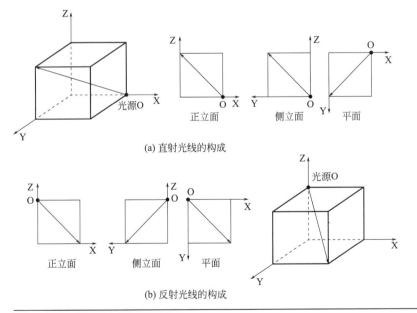

(a) 直射光线的构成

(b) 反射光线的构成

图 5.47 光线的构成表达法

## 5. 圆柱体的光影变化分析和渲染要领解析

物体受直射光线照射后，分别产生受光面、阴面、高光、明暗交界线以及反光和阴影。其各部分的明暗变化应遵循明暗透视和色彩透视的基本原理。现结合水墨渲染作业，对圆柱体的光影变化进行分析（图5.48）。

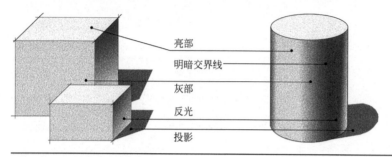

亮部
明暗交界线
灰部
反光
投影

**图5.48** 几何体光影变化分析

将圆柱体平面图的半圆等分，由45°直射光线照射后，对其每等分段的相对明度进行分析，具体情况为：

① 高光部分，渲染时留白；

② 最亮部分，渲染时着色一遍；

③ 次亮部分，渲染时着色二至三遍；

④ 中间色部分，渲染时着色四至五遍；

⑤ 明暗交界线部分，渲染时着色六遍；

⑥ 阴影及反光部分，渲染时阴影着色五遍，反光着色一至三遍。

相对而言，等分越细，各部分的相对明度差别就越小，更加细致入微，即圆柱体的光影变化就更加柔和。如果采用叠加法，可按图5.49所示序列在圆柱立面上分格逐层退晕。分格渲染时，可在分格边缘处用干净毛笔蘸清水轻轻地擦洗，弱化分格处的明显痕迹，以获得较为光滑自然的过渡效果。

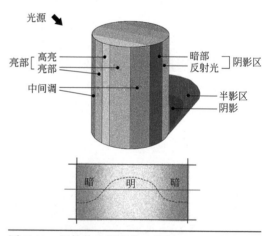

光源

亮部 [ 高亮 / 亮部 ]    暗部 / 反射光 ] 阴影区

中间调    半影区 / 阴影

暗　明　暗

**图5.49** 圆柱体光影变化及分析

## 四、西方古典柱式水墨渲染步骤分析

在渲染正式图之前，做"水墨渲染小样图"是很有必要的一个环节。按所给定的"小样作图法"示范样图，以相同比例绘制出"渲染小样图"铅笔稿后进行渲染。重点要强调渲染对象的整体关系，明确划分空间层次，运用透视原理确定各部分之间的协调制约关系，从而展现出空间有序、主体突出、层次清晰、明暗生动的西方古典柱式的和谐完美效果。

"水墨渲染正式图"是对"渲染小样图"的进一步完善和细化。具体步骤为：

## 1. 精确绘制铅笔稿

按所给"小样作图法"示范样图，按比例放大，用H或2H自动铅笔作出精致的正图铅笔稿。这一阶段应尽量不用或少用橡皮擦拭图面，以免擦毛或弄花纸面造成渲染不均。

## 2. 区分主体与背景

区分主体的檐部、柱子、基座三大部分以及柱式受光面和背光面的相互协调制约关系，重点强调整体关系和划分空间层次。

① 区分主体与背景。以大面积退晕方法来渲染背景部分，做到上深下浅。深浅程度以6～7成为宜，以便为进一步渲染实体及其相互间比较和调整留有余地。

② 区分檐部、柱子、基座三部分的明暗变化，注意高光部位要留白，次亮面不可一次渲染过深。

③ 画面底部字体部分的底色也应作为整体的一部分综合考虑。这部分色调的明暗也同主体各部分一样，渲染时要留出余地。

## 3. 渲染主体

利用透视原理确定主体各部分之间的协调制约关系及明暗对比关系，重点区分主体的光影变化，突出受光面和背光面的协调对比。这时应强调整体关系，以粗略表现为宜，深浅程度为5～6成。还应注意空间层次的划分，特别是亮面和次亮面的明暗变化，应留有余地，不可一次渲染过深。

## 4. 细部刻画

① 利用透视理论进行分析，明确柱式受光面的亮面、次亮面和中间色调的材质表达。

② 用湿画法对柱式进行细部处理。侧重檐部的圆线脚、枭混线（线脚有向外突出弧线的是混线，向内凹进弧线的是枭线。有时候两者连在一起使用，称为枭混线。）脚和柱础部分的圆线脚等曲面体，以及柱式主体——圆柱体，明确高光、反光和明暗交界线的位置以及各部分的明暗对比关系，特别要明确相邻形体的明暗交界线的连续性和制约性。

③ 以湿画法来刻画阴影部分。明确区分暗面和阴影，特别要注意反光的影响，并且要擦留出反高光。

## 5. 画面整理

对经过深入刻画后的画面整体要进行最后的明暗深浅的统一协调。

① 主体柱式和背景的协调统一。必要时可以加深背景以增加空间的层次感。

② 各个阴影面的协调统一。位于受光面强烈处而又位置靠前的明暗对比要加强，反之则要减弱。例如，圆柱体较之檐部，其受光面的明暗对比要强烈些。

③ 受光面的协调统一。画面的重点部位要相对亮些，反之则暗些。

④ 为了突出画面重点，可采用比较夸张的明暗对比、可能出现的反影、弱化画面其他部分等方法进行"画龙点睛"最后阶段的渲染。

⑤ 若有可能宜采用树木、山石、邻近建筑等衬景，达到衬托主体建筑的目的。

## 五、建筑局部立面水彩渲染步骤分析

水彩渲染一般采用透明度较高的水彩画颜料。已经用过且形成颗粒状的干结颜料是不能继续使用的，故而一次使用时不可挤出过多，以免造成浪费，但在渲染时应调配足够的颜料。

另外，对颜料的沉淀、透明、调配和擦洗等特性也应有所了解。

## 1. 水彩色颜料特性

（1）沉淀

赭石、群青、土红、土黄等均属透明度低的沉淀色。渲染时可利用其沉淀特性来表现较粗糙的材料表面。

（2）透明

柠檬黄、普蓝、西洋红等颜料透明度高，在逐层叠加渲染着色时，应先着透明色，后着不透明色；先着无沉淀色，后着有沉淀色；先浅色，后深色；先暖色，后冷色，以避免画面晦暗呆滞，或后加的色彩冲掉原来的底色。

（3）调配

颜料的不同调配方式可以达到不同的效果。例如红、黄二色先后叠加上色和二者混合后上色的效果就不同。一般来说，调和色叠加上色，色彩易鲜艳；对比色叠加上色，色彩易灰暗。

（4）擦洗

水彩颜料可被清水擦洗，这对画面的修改很有必要；还能利用擦洗达到特殊效果，例如洗出云彩、洗出倒影。一般用毛笔蘸清水轻巧擦洗即可。

## 2. 渲染步骤

同水墨渲染一样，水彩渲染一般也应作出小样图。其方法为：按所给定的"小样作图法"示范样图，以相同比例绘制出"渲染小样图"铅笔稿后进行渲染。目的在于确定：

① 画面的总体色调；

② 各个组成部分的明暗和冷暖关系；

③ 建筑主体和衬景的协调关系。

重点强调渲染对象的整体色彩关系、空间层次关系以及各部分之间的明暗协调关系，勾画一幅空间错落有致、主体色彩鲜明、明暗清晰生动的建筑立面形象。

（1）精心绘制铅笔稿

按所给"小样作图法"示范样图，按比例放大，以 H 或 2H 铅笔用尺规准确清晰地作出精致的正图铅笔稿。这时应尽量不用或少用橡皮擦拭图面，以免擦毛或弄花纸面造成渲染不均。

（2）确定基调和底色

为确定画面的总色调和协调各主要部分，一般用柠檬黄或中铬黄作为底色淡淡地平涂整个画面。根据各部分固有色和环境色的影响，确定建筑主体（例如：天空、地面、屋顶、墙面、玻璃、台阶等）各部分的不同色调和明度，分析其明暗对比的差别，利用复色退晕法对各部分进行粗略的明暗和冷暖划分。

（3）建筑主体重点渲染

建筑主体的刻画既要考虑固有色，又要兼顾环境色影响，这样才能得到层次鲜明的空间效果及丰富生动的建筑主体。需要特别强调的是：

① 天空——普蓝稍加西洋红。由上至下略变浅，复色退晕法渲染。

② 地面——选沉淀色土黄、土红、赭石分别略加深红和深绿。由左至右或由右至左，

利用沉淀色的特性所造成的均匀沉淀的特殊效果来表达地面粗糙不平的材质变化。

③ 墙面——选用赭石、土红、土黄、深红等颜色。利用其沉淀性能来表现红砖墙面凹凸毛糙反光差的空间效果。主体入口左右侧部位，由上至下既有明暗深浅的对比，又有上下冷暖变化。

④ 玻璃——渲染时采用普蓝略加群青和深红。主要位于门窗上，虽然面积较小，但若采用平涂法，会造成沉闷平庸之感。渲染时由上至下或由下至上逐渐加深，为形成丰富的空间效果作"铺路石"。

⑤ 屋顶——可选用深红加普蓝和深蓝。由上至下，由冷及暖，利用铁皮屋面漆红，较之墙面而言材质表现较光滑。这时应充分考虑固有色、环境色及强光共同作用效果。

⑥ 台阶——属混凝土抹灰表面，色浅较明亮，采用淡淡的深蓝略加深红或铬黄，以表达素混凝土表面细滑、光亮的质感。

（4）主体阴影的渲染

渲染时宜追求整体性和退晕的变化均匀以及色调的和谐统一。阴影部分的色相及明度的对比和变化会形成强烈生动的空间效果。例如，上浅下深的檐下阴影意味着天空对墙面的反光效果；红砖墙面的阴影左浅右深表达着垂直于画面的墙面形成的反光效果。

（5）细致刻画寻求统一

深入细致的细部刻画，对进一步表达空间层次、材料质感、光影变化、整体体积均能起到重要作用。例如，选择墙面少量砖块当作真实生动的材质和色彩变化，更丰富了材料特点。门、窗棂的线脚形成的阴影和反影的对比变化，从细微处更强调立面入口这一重点部位。选择小块色彩及掌握色度方面，应力求变化有序、和谐有理。

（6）配景与主体环境的融合

配景即"配角"，其作用是融入以建筑为主体和环境的整体中，切忌喧宾夺主。配景的形状态势、尺度比例及冷暖色调的选配宜简洁大方。渲染时尽可能一气呵成，既不要层层叠叠，笔触过碎；又不能反反复复，涂抹擦洗。

## 六、渲染技法病例分析

### 1. 水墨渲染常见病例

水墨渲染常见病例如图 5.50 所示。

① 纸面有油渍和汗斑；

② 纸未裱好，造成渲染时角端凹凸不平严重，墨迹形成拉扯方向的深色条；

③ 橡皮擦毛纸面，墨色洇开变深；

④ 涂出边界，画面不整齐；

⑤ 画面未干，滴入水滴；

⑥ 退晕时加墨太多，变化不均匀；

⑦ 图板倾斜严重，墨水下行过快，或用笔过重，产生不均匀笔触；

⑧ 水分太少或运笔重复涂抹，画面干湿无常缺乏润泽感；

⑨ 滤墨不净或纸面积灰形成斑点；

⑩ 水量太多造成水洼，干后有墨迹；

⑪ 底色较深，叠加时笔毛触动底色，造成退晕混浊；

⑫ 渲染至底部，因吸水不尽造成返水或笔尖触动底色留下白印。

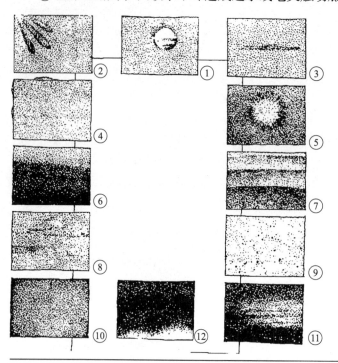

**图 5.50** 水彩渲染常见病例示意图

童鹤龄. 建筑渲染 [M]. 北京：中国建筑工业出版社，1998: 23.

## 2. 水彩渲染常见病例

水彩渲染常见病例如图 5.51 所示。

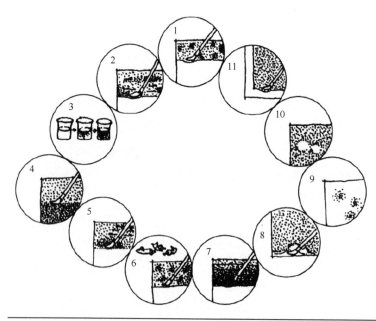

**图 5.51** 水墨渲染病例

童鹤龄. 建筑渲染 [M]. 北京：中国建筑工业出版社，1998: 24.

① 间色或复色渲染调色不匀造成花斑；

② 使用易沉淀颜色时，由于运笔速度不匀或颜料和水不匀而造成沉淀不匀；

③ 颜料搅拌多次造成发污；

④ 覆盖一层浅色或清水洗掉了较深的底色；

⑤ 外力擦伤纸面后出现毛斑；

⑥ 使用干结后的颜料，造成颗粒状麻点；

⑦ 退晕过程中变化不匀造成突变台阶；

⑧ 渲染至底部积水造成"返水"；

⑨ 纸面有油污；

⑩ 画面未干时滴入水点；

⑪ 工作不细致，涂出边界。

## 七、渲染技法的应用举例

渲染技法的应用举例如图 5.52 ～图 5.58 所示。

**图 5.52** 西方建筑局部

**图 5.53** 清式垂花门立面

**图 5.54** 某建筑立面局部

**图 5.55** 某度假村立面局部

**图 5.56** 天大建筑馆立面局部

图 5.57　旅游区某建筑　　　　　　　　　　　图 5.58　学生室内作业

图 5.52～图 5.58 出自童鹤龄. 建筑渲染 [M]. 北京: 中国建筑工业出版社, 1998: 71.

# 第四节　建筑设计草图

## 一、建筑设计草图概述

### 1. 概念

建筑设计草图是指在建筑设计过程中, 设计者徒手所绘制的有助于设计思维的研究性的图, 主要包括准备阶段草图、构思阶段草图和完善阶段草图。我们这里谈的主要是构思阶段的草图。

草图是建筑设计构思过程的开始, 在建筑设计整个推敲构思的过程中, 通过草图将头脑中模糊的、不确定的意象逐渐明朗化, 将构思灵感以及对设计的想法及时记录下来。正是在对草图的不断的探索比较和思考中, 建筑方案才得以渐渐成形。可以说, 草图决定了建筑设计方案的基本格局, 它是建筑设计构思阶段中最重要和最关键的手段。

### 2. 工具

绘图工具主要有笔和纸。可以用于绘草图的笔有很多种: 普通铅笔、钢笔、炭笔、针管笔、毛笔、马克笔、毡头笔、彩铅、塑料笔、圆珠笔等, 各种笔有自己的特点和书写习性。通常用于绘草图的纸有草图纸、硫酸纸、卡纸、水彩纸、绘图纸等。

画草图, 每个人都有自己的喜好, 有自己习惯和擅长的工具。比如有人喜用钢笔、善于素描; 有人则爱用彩绘, 将几种工具混合使用, 对钢笔淡彩、炭笔粉彩等情有独钟。但不管用何种画法, 都要尽力发挥工具本身的特长, 以快捷和表现力强为选择的根本前提。

对于初学者来说, 通常选用铅笔来画草图, 这是因为铅笔有可擦可抹的优点, 便于随时修改。同时, 铅笔质地疏松润滑, 由于运笔时力度和方向的变化, 笔触可粗可细、可轻可重, 既能表现粗犷的效果, 又能进行细腻的刻画。同时由于铅笔擅长画出不同色阶的黑白灰调子, 因此, 能够产生丰富多变的层次。一般画铅笔草图多用软质铅笔来表达, 可根据习惯选用 2B ～ 6B 铅笔, 也可几种软质铅笔搭配使用, 但不能使用低于 1B 的铅芯。

画铅笔草图的纸最常用的是草图纸，也叫拷贝纸，质地薄而柔，具有半透明性。由于构思阶段需要不断推敲和反复修改，采用草图纸绘图，可以将一张草图纸蒙在另一张草图上，描出肯定部分，绘出修改部分，这样反复描绘，使设计不断走向深化。其他铅笔草图常用纸张还有硫酸纸和绘图纸等。硫酸纸也具有半透明性，可以覆盖描改，但相对拷贝纸而言，纸厚而面滑，对铅黑的附着力弱，更适宜同钢笔、彩铅、马克笔等配合使用。

具有保留和收藏价值的铅笔草图，可以喷上定画液，以便于长时间保存。

## 3. 作用

草图作为图示表达的一种方式，在建筑设计构思阶段起着重要的作用。建筑设计草图虽然看起来随意性很强，好似顺手拈来，其实它是建筑师瞬间思维状态的真实反映，它在记录和表现建筑形象的同时，也记录和表现了建筑师的思维进程。建筑设计草图以其快捷、准确、生动和概括的特点，将建筑师头脑中灵感的火花再现于图纸上。同时，大脑在对草图的反复权衡和比较中，不断激发灵感，模糊、清晰、再模糊、再清晰，设计正是在草图的不断比较、不断取舍、不断探求中逐步走向深化，并渐臻完善的。

此外，草图还是进行交流的重要手段。构思的过程不仅仅是设计者进行自我脑、眼、手快速交流的过程，同时，还需要与设计伙伴、业主以及公众等进行沟通和讨论，而草图以其快速、便捷的图示表达，成为交流的有力工具。

## 二、草图表达的基本特性

建筑设计草图的表达是建筑师设计思维的快捷、真实的反映，它作为建筑师思考的工具，在徒手勾画时应该充分发挥它的特性，以最大限度发挥它表达创作思维、促进创作思维的作用。设计草图的表达特性主要包括三方面：不确定性、概括性和真实性。

### 1. 不确定性

这是设计草图的基本特性，这种模糊的、开放的特性有助于帮助建筑师思考。特别是初始性的概念草图，它反映的是建筑师对设计发展方向作出的多方面、多层次的探索，此时草图表达的意象是模糊的、朦胧的和不完整的，体现的是创作思维的开放性和多种可能性。这时的草图表达应粗犷而不具体，追求整体构思的把握，对次要问题或细节问题加以忽略，并为进一步分析问题、解决问题提供思考空间。我们常常用很多含混交错的线条、浓重的重复线来表达对某一问题的怀疑和肯定，当思路慢慢清晰，草图的不确定也逐步向确定转化（图5.59、图5.60）。

### 2. 概括性

设计草图是建筑设计的图示化思考，在繁杂的设计过程中，脑中的意念与形象瞬间万变，如果都将之表现出来，既不可能也不必要。所以，必须学会善加取舍，分清主次，抓住关键。此外，由于草图是以二维图像来表达复杂的三维形体，也需要我们具有概括能力，删繁就简，用简练的线条表达万千变化的三维世界。只有我们逐步提高概括能力，才能充分发挥设计草图的快捷特点，将构思中的灵感火花迅速捕捉并记录下来，才能以寥寥几笔勾画，就将设计的神韵囊括其中，达到准确传神的效果（图5.61）。

**图 5.59** 爱因斯坦天文台（门德尔松　绘）

周立军. 建筑设计基础 [M]. 哈尔滨: 哈尔滨工业大学出版社, 2003: 267.

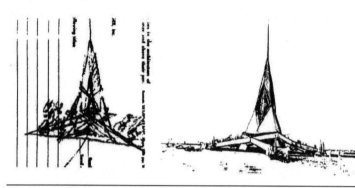

**图 5.60** 诺曼小教堂（赖特　绘）

黄为隽. 建筑设计草图与手法 [M]. 哈尔滨: 黑龙江科学技术出版社, 1995: 131.

**图 5.61** MIT 贝克大楼（阿尔瓦·阿尔托　绘）

黄为隽. 建筑设计草图与手法 [M]. 哈尔滨: 黑龙江科学技术出版社, 1995: 135.

## 3. 真实性

　　建筑设计草图不同于纯艺术的想象和再现，它要求真实地反映设计中的建筑实体和空间，容不得虚假的东西掺杂在其中，设计者所追求的应该是预想中的真实，一切不以真实作为基础绘制的草图都是徒劳和自欺欺人的。草图的真实不仅包括对建筑的尺度与比例、光影关系、材质刻画、透视变形等加以准确的把握，同时还要求在建筑环境的处理上掌握好正确尺度，配景的选择要与设计相适应，不能为了追求画面的效果加以任意修饰。很多建筑大师的设计草稿与建成实景相对照，我们可以看到二者的一致性是令人敬佩和叹服的（图 5.62）。

**图 5.62**　流水别墅（赖特　绘）
黄为隽. 建筑设计草图与手法 [M]. 哈尔滨：黑龙江科学技术出版社，1995: 132.

## 三、草图构成要素及应用

建筑设计草图的构成要素主要包括：点、线、面、色彩、符号与文字。这些构成要素是建筑设计草图的组成部分，建筑师正是通过将它们合理地组合和运用，将头脑中的建筑形象、设计思考表达出来。

### 1. 点

点在草图中既可以表达具体意义，也可以起到辅助绘图的作用。一般表达具体意义时，点可以代表实体，如柱子、石碑、云彩、草、人、树干等；点也可以代表材质，如混凝土面墙的质感、石柱的质感等；点还可以代表光影，依靠点的疏密来表达影子色调的黑、白、灰等细微变化（图5.63）。起辅助绘图作用的点，还可以表示事物的空间定位，如圆心、透视图的灭点以及其他空间定位点；也可以作为指示或强调的符号起作用。在画点的时候应注意，它所代表的物体应有一定尺度，如果尺度很小，使用点的意义就不大了。

**图 5.63**　室内设计构思草图（勒·柯布西耶　绘）
黄为隽. 建筑设计草图与手法 [M]. 哈尔滨：黑龙江科学技术出版社，1995: 128.

### 2. 线

线在草图中的应用最为广泛。画草图时的用线也可以分为表达实际意义的线和辅助绘图的线。通常我们用线来表示物体的轮廓，这时用线应力求简练，寥寥几根线所描绘的形象就会跃然纸上。同时线也是修改设计的有力手段。我们常常可以看到别人画好的草图上许多地方用线描了很多遍，一方面可能表示对某一部分的强调或肯定，另一方面也体现了设计者的修改历程。确定部分被反复地描绘，以致愈描愈粗；不确定的地方用细线轻轻勾勒，显示出飘忽不定的特征（图 5.64）。无论线的粗与细、浓与淡，都表现出设计者的思考过程和思维重点，或犹豫徘徊，或坚决肯定。辅助绘图的线可以用来表示参考性的坐标、等高线或光影效果等（图 5.65）。

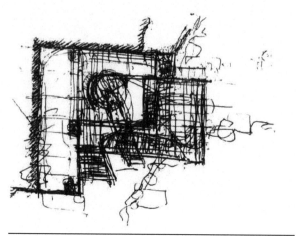

**图 5.64** 设计草图中线的用法（彭一刚 绘）
黄为隽. 建筑设计草图与手法 [M]. 哈尔滨：黑龙江科学技术出版社，1995: 179.

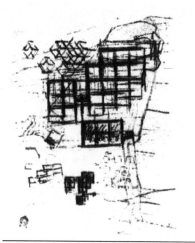

**图 5.65** 冈本集合住宅（安藤忠雄 绘）

### 3. 面

面在草图中表现为具有轮廓线的区域。面在代表实体时，我们常常用笔将之填充，以强调其封闭性和厚重感。在画设计草图时，有时为了快捷，我们也常常用单一的面的形式表示光影区或者作为简洁的背景来画（图 5.66）。面的填充方式多种多样，点、线的各种形式都常会根据需要填充面。这时的面会表现出不同的质感、厚度和光影感，如 Ted Musho 绘制的由贝聿铭主持设计的达拉斯市政厅概念草图（图 5.67）。需要注意的是，面与面之间的对比与区分也常借助于面之间的灰度对比和不同填充形式来实现，最简单的方法就是用单纯的轮廓线表示受光面，而涂黑的面表示背光面，以强调立体感。

**图 5.66** 悉尼歌剧院（伍重 绘）

### 4. 色彩

色彩在设计草图的描绘中也常被用到。一般我们画初始性草图时用黑白素描色即可。随着设计的深入为了寻找和探索建筑整体的色彩配置，往往使用彩铅、马克笔、粉笔等绘出建筑的固有色和环境背景色，这样能够比较深入地表现建筑的材质特性与纹理（图 5.68）。有时我们也会用色彩区分不同的部位，比如我们经常会在建筑总平面以及规划平面图中用绿色表示绿地，蓝色表示水面等。色彩的使用还会加深草图的表达效果，我们在快速设计时用彩铅或马克笔描绘的草图，其或浓烈或淡雅的色彩气氛会给人留下深刻的印象。

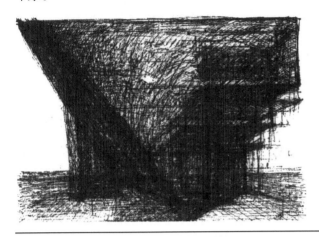

**图 5.67** 达拉斯市政厅（Ted Mosho 绘）

黄为隽. 建筑设计草图与手法 [M]. 哈尔滨：黑龙江科学技术出版社，1995: 137.

**图 5.68** 加州好莱坞游乐场与俱乐部（赖特 绘）

## 5. 符号与文字

　　符号与文字作为辅助说明的手段，在设计草图中起着不可替代的作用。符号具有分析识别、指明关系、强调重点等多种作用。比如在概念性草图中常常用大小不同的圆圈代表不同的建筑空间，而用带线条的箭头表明不同部分的关系，用指南针符号、剖切符号、标高符号等表示特定意义（图 5.69）。为了利于交流，有一些常用的、约定俗成的符号作为初学者应该予以掌握，比如入口标识等带有特定意义的符号，在平面图中的各种分析符号等（图 5.70）。简练的文字可以表达出许多图示所难以表达的意思，比如设计的一些基本情况的介绍，空间功能和形式逻辑的说明，形式含义与建筑意境的标示以及尺寸、比例的标注等。

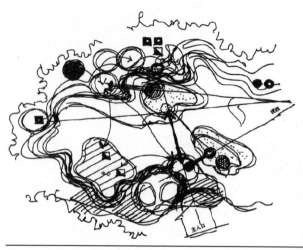

**图 5.69** 场地研究（保罗·拉索 绘）

保罗·拉索（美）. 图解思考·建筑表现技法（第三版）[M]. 邱贤丰，刘宇光，郭建青，译. 北京: 中国建筑工业出版社, 2003: 54.

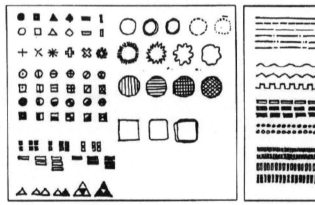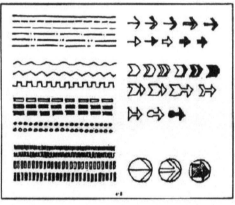

**图 5.70** 符号

保罗·拉索（美）. 图解思考·建筑表现技法（第三版）[M]. 邱贤丰，刘宇光，郭建青，译. 北京: 中国建筑工业出版社, 2003: 63.

## 四、草图绘制程序

　　建筑设计草图按设计的过程可以分为准备阶段草图、构思阶段草图和完善阶段草图。这里我们主要谈的是构思阶段的草图绘制程序。构思阶段的草图可分为概念草图和构思草图。

### 1. 概念草图

　　概念草图指在建筑设计的立意构思前期，建筑师经过对设计对象要求、场地环境、功能、技术要求以及业主的需要等的认真理解和准备后，在创作意念的驱动下，建筑师画出的建筑立意构思草图。概念草图反映的是建筑整体性思考，这一阶段的草图最主要的特点是开放性。设计伊始，我们的立意思维不可过多地受到限制，更强调的是开启创造的心智，探索各种不同的可能性。这时候脑中的思维会异常活跃，灵感的火花不断闪现。为了捕捉这种灵感，需要我们脑、眼、手分工协作，快速地将思维的点滴变化与朦胧的意象表达出来。这时笔下的线条应奔放不羁，适宜的工具应为软质粗铅笔或炭笔，这样可以使我们不拘泥于细节的刻画（图5.71）。概念草图所记载的意念形象是一种鲜明生动的感性形象，粗犷而不具体，不涉及细枝末节，强调的是轮廓性概念，如贝聿铭手绘的美国国家美术馆东馆概念草图（图5.72）。因此，绘草图的时候可以随意、简洁，不必追求精确的表达和过分关注图面的效果。而应该当意念一出现立即绘制，因为刚出现的意象极不稳定，转念即逝。只有抓住时机，才能及时记录下来。同时，我们要把握最关键的问题，目标集中于建筑的整体意向，只关注于对核心问题的探索和思考。

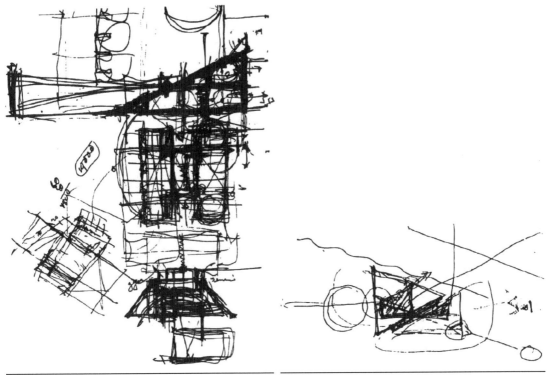

图 5.71　构思草图（载维·斯蒂格利兹　绘）
保罗·拉索（美）. 图解思考·建筑表现技法（第三版）[M]. 邱贤丰，刘宇光，郭建青，译. 北京：中国建筑工业出版社，2003：140.

图 5.72　美国国家美术馆东馆（贝聿铭　绘）
黄为隽. 建筑设计草图与手法 [M]. 哈尔滨：黑龙江科学技术出版社，1995：136.

## 2. 构思草图

　　随着概念草图的完成，设计的基本思路已经大体确定下来。这时候，大局虽定，但对问题的思考仍是粗线条的，具体问题还要继续推敲、解决。在这个过程中，每一个问题都有多种解答，每一次突破都存在着偶然性和随机性。整个草图的绘制过程表现为以主观判断为标准的择优模式，以此推动设计向前发展。当我们提出问题、进行设计思考并形成新的草图时，就应该及时地进行判断和取舍。这既包括对问题的整体性判断和取舍，也包括对局部设计草图的判断。开始时设计者是处于模糊状态，草图表现为线条含糊不定、朦胧混沌。但随着思考深入发展，草图逐渐随着思维从混沌走向清晰，从无序中寻找到方向。这个过程也是我们将半透明纸一遍一遍地蒙在先前草图上进行摹改的过程，有时也可以另用一张草图画出新的想法。通过反复构思、多角度比较，弃废择优，方案也逐步由混乱走向有序，由片面走向完整，如建筑师勒·柯布西耶所绘草图（图5.73）。在画构思草图时，头脑时刻保持明确的目标性是很重要的，这个目标就是产生一个满足设计要求，并可持续发展优中选优的设计方案。用最终设计所要达到的目标去判断。在设计时要注重设计空间的内外结构与建筑各部位的相关表达，并留有推敲比较余地，用笔可粗细相间，不必细致加工，更不要追求画面完整。同时，应把每一个局部问题都要放在整体框架中去思考，保证方案的整体性。这样可以使每个设计环节具有正确的方向，从而使草图的绘制过程快捷高效而少走弯路。

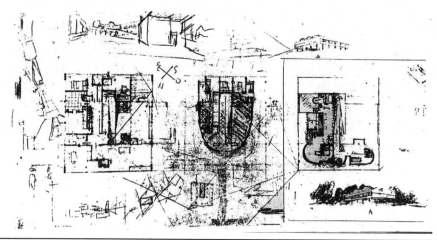

**图5.73** 萨伏伊别墅设计构思草图（勒·柯布西耶 绘）
黄为隽. 建筑设计草图与手法 [M]. 哈尔滨：黑龙江科学技术出版社，1995：129.

## 五、铅笔草图基本技法

### 1. 笔触和画法

利用铅笔笔尖的不同斜度与力度的变化，可以得到浓淡、粗细、虚实、密疏等不同的效果。比如可以垂直用笔画细线，倾斜用笔可画粗线；用力则实，轻画则虚，用笔轻重变化可得退晕效果；铅笔接近于平行描绘，可以获得均匀的大块灰色画面（图5.74）。

徒手铅笔草图的画法大致可以分为三种：白描法、素描法和叠加法。白描法亦可称为线描法，主要以线的组合表现设计意图，有时略加阴影。概念性的草图由于反复推敲，大多表现为粗犷的轮廓线和各种重复性的乱线。构思草图则趋于流畅利落，线条逐步由含糊不定走向清晰肯定。这种画法容易获得明快简朴的效果（图5.75）。素描法也称铅笔渲染法，富于光影效果。这种画法更注重对

**图5.74** 法国里昂法兰克福广场方案（矶崎新 绘）
黄为隽. 建筑设计草图与手法 [M]. 哈尔滨：黑龙江科学技术出版社，1995：148.

黑、白、灰素描层次的表达，画面黑白对比强烈，空间感强，色感丰富（图 5.76）。叠加法是白描与素描两种技法的叠加与综合，比如使用线条勾形而用渲染技法表现明暗色调，或者用白描表现前景和远景，而用渲染表现主体建筑等（图 5.77）。

**图 5.75** 萨尔兹堡通讯中心（帕席尔 绘）

## 2. 比例尺和透视规律

在勾勒草图的时候，要在头脑中树立正确的比例观念，并准确反映到草图上。这种比例是相对的比例关系，用来控制建筑的高宽比和总体布局尺度关系。通常我们以正方体作为衡量各部位间比例关系的依据，有时也用有限定尺寸的门、窗等作为衡量依据，以此来确定相对应的尺寸关系。在勾画构思阶段的草图时，应由粗到细逐步展开。开始的时候比例不宜太大，过大的比例容易使图面大而空，错误诱导我们过早陷入对细部设计的纠缠之中。在方案基本确定、进行细部推敲时，应及时放大比例，使细部的设计更准确和清晰。只有正确把握好比例关系，才能使我们所绘制的草图不失真、不走样，为下一步绘制正式图打好坚实的基础。

**图 5.76** 构思草图（黄为隽 绘）
黄为隽. 建筑设计草图与手法 [M]. 哈尔滨：黑龙江科学技术出版社，1995: 22.

**图 5.77** 歌星总部设计方案研究（高松伸 绘）
黄为隽. 建筑设计草图与手法 [M]. 哈尔滨：黑龙江科学技术出版社，1995: 152.

由于草图需要将三维空间形态转换到二维画面上来，因此只有在真实的视点、角度下的符合人眼透视规律的草图才具有真实性。这要求我们不但要掌握视点、视平线、灭点等一些透视的基本知识，还要进一步掌握透视衰减与视角对应等规律。我们常用正方体和对角线来检验透视的相对比例关系和透视衰减趋势，有时复杂的布局也可以用方格网来控制校正（图5.78）。

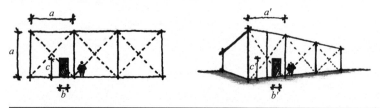

**图5.78** 用方格网控制校正复杂的布局

## 3. 光影和配景

建筑在不同光源条件下，会呈现截然不同的视觉效果。画草图时需要绘制建筑的阴影部分，用强烈的黑白对比来凸现建筑的立体感和空间感。对光影的刻画同样需要有所概括和选择，比如建筑的入口、重点处理部位的投影需要作着重描绘，笔触应该坚实有力（图7.79）。次要部位的投影则应减弱，一方面可以加强同关键部位的对比，另一方面可避免遮掩相关建筑形体的表达。光线的角度和受光面的选择也要符合真实的原则，应注意建筑的实际朝向，通常光线来自建筑的左侧或右侧，一般不用正对光。同时光影的描绘可以有明暗上的退晕，比如由反光以及透视的原因所产生的退晕都能在光影上表现出来（图7.80）。

**图5.79** 某建筑速写（1）

配景的配置要为建筑的环境创造真实性和生动感。有关外环境的配景要忠实地反映真实的环境，不能随心所欲地添加和删减。构思阶段的卓图配景可以较概括地表现，比如树木的描绘可以用概念化的方法进行简化，寥寥数笔表达出枝干和树形即可，以强调环境的气氛为主，并注意与主体建筑间的正确的比例关系。人物和车的点缀则应与建筑的性质和性格相适应，不要强调形态等细节，应着重表现整体感和动态特征，充分发挥尺度参照物、烘托气氛和完善构图的作用。

图 5.80 某建筑速写 (2)

# 第五节　建筑模型制作

对于初学者来说，完全靠二维平面设计来把握好设计思维活动、对空间形体的理解往往有很大困难。建筑模型有助于建筑设计的推敲，可以直观地体现设计意图，建筑模型具有的三维直观的视觉特点，弥补了图纸表现上二维画面的局限。建筑模型是我们的良师益友，通过建筑模型制作，我们可以将抽象思维获得具体形象化的表现，并可以训练和培养我们的三维空间想象力和动手能力。建筑师利用模型作为设计手段，不仅仅是用于表现创作成果以便于同业主和决策者进行交流，更重要的是用在方案构思和深化设计的过程之中。

模型通常按照设计的过程可以分为初步模型和表现模型。前者用于推敲方案，研究方案与基地环境的关系以及建筑体量、体型、空间、结构和布局的相互关系，以及进行细节推敲等。后者则为方案完成后所使用的模型，多用于同业主进行交流和对众展示，它在材质和细部刻画上要求准确表达。我们这里主要谈的是初步模型的制作和表达。

初步模型既可以按照设计者做出的构思草图为基础制作并发展，有时也可能即兴创作，再根据模型作出草图。初步模型制作简单，多用于构思和研究方案用，可随时修改，不作公开展示。

## 一、模型与材料

模型制作可以选用的材料多种多样，我们可以根据设计要求，按照不同材料的表现和制作特性加以选用。制作模型的材料多达上百种，但常用的不过有五六种，包括纸张、泡沫、塑料板、有机玻璃、石膏、橡皮泥等。

## 1. 纸张

制作模型常用的纸张有卡纸和彩色水彩纸。卡纸是一种极易加工的材料。卡纸的规格有多种，一般平面尺寸为 A2，厚度为 1.5～1.8mm。我们除了直接使用市场上各种质感和色彩的纸张外，还可以对卡纸的表面作喷绘处理。

彩色水彩纸颜色非常丰富，一般厚度为 0.5mm，正反面多分为光面和毛面，可以表现不同的质感。在模型中常用来制作建筑的形体和外表面，如墙面、屋面、地面等。另外，市场上还有一种仿石材和各种墙面的半成品纸张，选用时应注意图案比例，以免弄巧成拙。

制作卡纸模型的工具有裁纸刀、铅笔、橡皮等，粘贴材料可选用乳白胶、双面胶。卡纸模型制作简单方便，表现力强，对工作环境要求较少。但易受潮变形，不宜长时间保存，粘接速度慢，线角处收口和接缝相对较难。

## 2. 泡沫

卡纸是制作模型常用的面材，而块材最常用的要数泡沫材料了。泡沫材料在市场上也很容易买到，一般平面规格为 1000mm×2000mm，厚度 3mm、5mm、8mm、100mm、200mm 不等。有时我们也可以将合适的包装泡沫拿来用。

用泡沫制作建筑的体块模型非常方便，厚度不够可以用乳白胶粘贴加厚。切割泡沫的工具有裁纸刀、钢锯、电热切割器等。泡沫材料模型的制作省时省力，质轻不易受热受潮，容易切割粘贴，易于制造大型模型，且价格低廉。缺点是切割时白沫满天飞，相对面材而言不易做得很细致。

## 3. 有机玻璃

有机玻璃也叫作亚克力板，常见的有透明和不透明之分。有机玻璃的厚度常见的有 1～8mm，其中最常用的为 1～3mm 厚度的。有机玻璃除了板材还有管材和棒材，直径 4～150mm，适用于一些特殊形状的体形（图 5.81）。

有机玻璃是表现玻璃及幕墙的最佳材料，但它的加工过程较其他材料难，所以它常常只用于制作玻璃或水面材料。有机玻璃易于粘贴，强度较高，制作的模型很精美，但材料相对价格较高。

图 5.81　有机玻璃模型

有机玻璃的加工工具可以选用勾刀、铲刀、切圆器、钳子、砂纸、钢锯以及电钻、砂轮机和台锯、车床、雕刻机等电动工具。黏接材料可以选用氯仿（三氯四烷）和丙酮等。

## 4. 塑胶板

塑胶板亦称 PVC 板，白色不透明。厚薄程度从 0.1～4mm 不等。常用有 0.5mm、

1mm、1.2～1.5mm等。它的弯曲性比有机玻璃好，用一般裁纸刀即可切割，更容易加工，黏接性好。

在制作模型时一般可选用1.0mm塑胶板作建筑的内骨架和外墙，然后用原子灰进行接缝处理，使其光滑、平整、没有痕迹。最后可以使用喷漆工具完成外墙的色彩和质感。

塑胶板加工工具可以选用裁纸刀、手术刀、锉刀、砂纸等。黏接材料用氯仿和丙酮。

## 5. 石膏

石膏是制作雕塑时最为常用的材料。有时也在做大批同等规格的小型构筑物和特殊形体如球体、壳体时使用。石膏原为白色石膏粉，需要加水调和塑形。塑形模具以木模为主，分为内模和外模两种。所需工具为一般木工工具。若要改变石膏颜色，可以在加水时掺入所需颜料，但不易控制均匀。

## 6. 油泥

油泥俗称橡皮泥，为油性泥状体。该材料具有可塑性强的特点，便于修改，可以很快将建筑形体塑造出来，并有多种颜色可供选择。但塑形后不易干燥。常用于制作山地地形、概念模型、草模、灌制石膏的模具等。

# 二、模型制作方法简介

## 1. 卡纸模型制作

一般选用厚硬卡纸（1.2～1.8mm厚）作为骨架材料，预留出外墙的厚度，然后用双面胶将玻璃的材料（可选用幻灯机胶片或透明文件夹等）粘贴在骨架的表面，最后将预先刻好窗洞并且做好色彩质感的外墙粘贴上去。

将卡纸裁出所需高度，在转折线上轻划一刀，就可以很方便折成多边形，因其较为柔软，可弯成任意曲面，用乳白胶粘贴，非常牢固。在制作时应考虑材料的厚度，只在断面涂胶。同时应注意转角与接缝处平整、光洁，并注意保持纸板表面的清洁。

只选用卡纸材料做的模型最后呈一种单纯的白色或灰色。由于使用工具简单，制作方便，价格低廉，并能够使我们的注意力更多地集中到对设计方案的推敲上去，不为单纯的表现效果和烦琐的工艺制作浪费过多时间，因此尤其受到广大学生的青睐（图5.82）。

**图5.82** 卡纸制作的模型

## 2. 泡沫模型制作

在方案构思阶段，为了快捷地展示建筑的体量、空间和布局，推敲建筑形体和群体关系，我们常常用泡沫制作切块模型。这是一种验证、调整和激发设计构思的直观有效的手段。单色的泡沫模型，不强调建筑的细节与色彩，更强调群体的空间关系和建筑形体的大比例关系，帮助我们从整体上把握设计构思的方向和脉络（图 5.83）。

做泡沫模型的时候，首先要估算出模型体块的大致尺寸，用裁纸刀或单片钢锯在大张泡沫板上切割出稍大的体块。如果泡沫板的厚度不够，可以用乳白胶将泡沫板贴合，所贴合板的厚度应大于所需厚度。当断面粗糙时，可用砂纸打磨，以使表面光滑，并易于粘贴。

泡沫模型的尺寸如果不规则，尺寸不易徒手控制，可以预先用厚卡纸做模板并用大头针固定在泡沫上，然后切割制作。泡沫模型的底盘制作可以采用以简驭繁的方法，用简洁的方式表示出道路、广场和绿化。

泡沫模型由于制作快捷，修改方便，重量又非常轻，因此常用于制作建筑的体块模型和城市规划模型，受到设计者的喜爱。

### 3.坡地和山地模型制作

比较平缓的坡地与山地可以用厚卡纸按地形高度加支撑，弯曲表面做出。坡度比较大的地形，我们可以采用层叠法和削割法来制作。

所谓层叠法就是将选用的材料层层相叠，叠加出有坡度的地形（图 5.84）。一般我们可根据模型的比例，选用与等高线高度相同厚度的材料，如厚吹塑板、厚卡纸、有机玻璃等材料，按图纸裁出每层等高线的平面形状，并层层叠加粘好，粘好后用砂纸打磨边角使之光滑。也可喷漆加以修饰，但吹塑板喷漆时易融化。

图 5.83　某泡沫模型

图 5.84　某山地模型（层叠法）

削割法主要是使用泡沫材料，按图纸的地形取最高点，并向东南西北方向等高或等距定位，切削出所需要的坡度。大面积的坡地可用乳白胶将泡沫粘好拼接以后再切削。泡沫材料切削容易便捷，但遇喷漆也会融化。

### 三、建筑配景制作

建筑物总是依据环境的特定条件设计出来的，周围的一景一物都与之息息相关。环境既是我们设计构思建筑的依据之一，也是烘托建筑主体氛围的重要手段。因此，配景的制作在模型制作中也是非常重要的。

建筑配景通常包括树木、草地、人物、车辆等，选用合适的材料，以正确的比例尺度制作是配景模型制作的关键。

## 1. 树

树的做法有很多种，总体来讲可以分为两种：抽象树与具象树。

抽象树的形状一般为环状、伞状或宝塔形状。抽象树一般用于小比例模型中（1：500或更小的比例），有时为了突出建筑物，强化树的存在，也用于较大比例模型中（1：300）～（1：250）。做树的材料可以选择钢珠、塑料珠、图钉、跳棋棋子等，以简便廉价材料为主。

制作具象形态的树的材料有很多，最常用的有海绵、漆包线、干树枝、干花、海藻等。其中海绵最为常用，它既容易买到，又便于修剪。同时还可以上色，插上牙签当树干等，非常方便适用。用绿色卡纸裁成小条做成树叶，卷起来当树干，将树干与树叶黏接起来，效果也不错。此外，漆包线、干树枝、干花等许多日常生活中的材料，进行再加工都可以制成具有优美形状的树（图 5.85）。

## 2. 草地

制作草地的材料有：色纸、绒布、喷漆、锯末屑、草地纸等。

做草地最简单易行的方法就是用水彩、水粉、马克笔、彩铅等在卡纸上涂上绿色，或者选用适当颜色的色纸，剪成所需的形状，用双面胶贴在底盘上。另外，也可以用喷枪进行喷漆、调配好颜色的喷漆可以喷到卡纸、有机玻璃、色纸等许多材料上。在喷漆中加入少许滑石粉，还可以喷出具有粗糙质感的草地（图 5.86）。

图 5.85　模型树的制作

图 5.86　草地模型的制作

锯末屑的选用要求颗粒均匀，可以先用筛子筛选，然后着色晒干后备用。将乳白胶稀释后涂抹在绿化的界域内，撒上着色的锯末屑（或干后喷漆），用胶滚压实晾干即可。

## 3. 人

模型人可以用卡纸做。将卡纸剪成合适比例和高度的人形粘在底盘上即可。也可以用漆包线、铁丝等弯成人形。人取实际高 1.70 ～ 1.80m，女性稍低（图 5.87）。

图 5.87　模型人的制作

## 四、巧用初步模型

初步模型不仅确切地表达了作者的思维，而且对思维的推进和深化也有着积极的作用。比如我们在分析思考基地环境时有环境模型；在推敲建筑形体时有形体组合模型；在斟酌内部空间时有建筑室内模型；在分析结构方案时有建筑构架模型等。要根据每个设计的具体要求和特点，针对不同的阶段采用不同的模型来促进我们的构思。

通常初步模型对应整个构思设计过程，可以分为三个阶段：在分析基地环境时做环境模型；在作建筑整体布局和形体构思时做建筑构思模型；在进行建筑平立剖设计时做建筑方案模型等。

以一年级的外部空间环境设计为例。设计时首先要对基地环境做深入的了解分析，不仅做基地平面的勾绘和分析，还要以模型来表现环境关系。环境中原有的建筑、树、水、山石以及地形地势等均应反映在模型中，并借助于模型促进我们对所绘环境的理解和思考。然后根据设计任务要求，进行外部空间总体布局和基本形体构思，并以构思模型来表现和研究。此时应将该模型置入环境模型中，反复推敲和修改。构思模型是个粗略的形体关系模型，它不仅表达设计的意图和整体构思，而且可以从环境的角度探索构思的效果。这时我们可以做多个构思模型，均置于环境模型中以做反复比较，从而选出最契合环境并能充分体现创作意图的方案来。当基本思路确定后，下一步进行平立剖设计，这时我们可以用方案模型较具体地表达出来，并进行综合调整和完善。

制作初步模型的步骤并不复杂。首先我们要根据目的和用途，确定模型的最佳比例及配置，预想模型制作后的效果以及可能选用的材料和工艺。然后根据设计要求确定模型的材料、色彩及特性，运用制作工具处理材料的表面质感及细部。制模时，根据已经确定的模型比例，按照环境配置的范围大小，制作好模型的底盘。对模型的结构体型进行设计，一般制作切块模型时可直接切割，其他比较复杂的模型可以先制作一个模型的内部支撑体系，便于将表面材料铺贴上去。完成模型主体之后，将其放在底盘上，并按照建筑的性格和实际环境效果，配置环境中树木、人群以及各类小品，烘托环境的气氛，突出建筑的个性。

在制作初步模型时，应考虑它同制作以表达为目的模型的区别。初步模型的制作，要力图反映设计内容最本质的特征，以反映和促进创作思维为根本目的，所以初步模型比表达模型具有更强的概括性和抽象性。制作时不要将精力过多地浪费在细部的制作上，模仿制作出许多微小的形状和装饰与结构的细部，这样既浪费时间而且还可能会起到喧宾夺主的反作用。有时忽略细部与色彩的白色模型或者简单的几个体块所构成的模型，同那些经过精雕细刻的模型比较，对于所要表达的内容以及对创作思维的促进来说，会起到更大的作用。

# 《建筑设计基础教程》课程思政教学设计

| 项目名称 | 任务名称 | 教学内容 | 课程思政载体 | 思政元素 | 育人成效 |
|---|---|---|---|---|---|
| 第一章 概述 | 建筑的定义 | 建筑物与构筑物 | 观看超星名师讲坛阮仪三教授讲授的《独步世界民族之林的中国古建筑》、观看纪录片《中国古建筑》 | 中华民族传统文化、文化自信，历史建筑保护 | 让学生了解中国古代匠人留下的宝贵的本民族的历史文化建筑，这些保留至今的历史建筑是中国建筑史上一颗颗璀璨的明珠 |
|  | 建筑的性质 | 时空属性、工程技术属性、艺术属性、社会和文化属性 | 观看纪录片《故宫100》 | 中华民族传统文化 | 让学生了解中国古代传统哲学思想与建筑相统一的皇家建筑美学原理，感受中华传统文化的源远流长 |
|  | 建筑的基本要素 | 建筑功能；物质技术条件；建筑形象 | 观看吴良镛院士的作品"北京菊儿胡同改造"视频、图片，讲述作品立意 | 中华民族传统文化、历史建筑保护 | 让学生学习继承传统特色建筑形式的同时，满足现代生活方式的需要 |
| 第二章 建筑空间 | 空间的相关概念 | 空间在建筑中的意义、定义、分类 | 讲述老子《道德经》第十一章 | 中华民族传统文化 | 让学生了解中国古代哲学家老子对空间的理解，空间概念早已出现在了中国古人的智慧里 |
|  | 单一空间 | 空间的限定要素；基本属性；界面的处理；空间中的光 | 观看视频《伟大工程巡礼：北京国家体育场——鸟巢》 | 爱国主义、工匠精神 | 让学生学习中国建筑师与工程师的工匠精神、严谨态度、精湛技艺和爱国精神 |
|  | 组合空间 | 基本空间关系；空间组合框架；空间组合的处理手法 | 观看视频《大功告成——北京大兴国际机场》 | 工匠精神、民族自豪感 | 让学生感受精益求精的新时代工匠精神的同时提升学生的民族自豪感 |
| 第三章 建筑外环境 | 建筑外环境的基本概念 | 环境与建筑外环境概念；建筑外环境的形成；建筑外环境设计的类型 | 观看纪录片《苏园六记》之《深院幽庭》 | 中华民族传统文化、文化自信 | 让学生感受中国传统园林匠人打造的道法自然、精致美丽的建筑外环境庭院空间，弘扬文化自信 |
|  | 建筑外环境的构成要素 | 建筑场地、道路、水体、绿化、小品与设施 | 观看视频《雄安新区：启动区城市设计方案意向动画》 | 生态文明、科技强国、创新意识、节能减排、低碳生活 | 让学生明白坚持生态文明建设，持续提升人居环境的重要性，科技强国的创新发展，大力发展科技创新、倡导节能减排、低碳生活 |
|  | 建筑外环境的设计与评价 | 整体功能；空间景观；文化细部 | 欣赏歌曲短片《我的雄安的梦》 | 家国情怀、工匠精神 | 让学生热爱自己的家乡，感受家国情怀，激发学生对祖国及家乡建设者的崇敬之情 |

| 项目名称 | 任务名称 | 教学内容 | 课程思政载体 | 思政元素 | 育人成效 |
|---|---|---|---|---|---|
| 第四章 建筑设计基本方法 | 建筑设计的概念与特征 | 创造性、综合性、多元性、矛盾性、复杂性、社会性 | 观看纪录片《超级工程》之《上海中心大厦》 | 爱国主义、工匠精神、职业道德 | 让学生了解中国建筑工程领域的先进技术，学习建设者在建造过程中不怕困难、卓越奋斗的精神，引导学生以中国制造为荣，以中国建造为傲 |
| | 建筑设计的过程 | 设计前期与策划、方案的形成、方案的确定、方案的深化 | 观看何镜堂院士设计的建筑设计作品"2010上海世博会中国馆"视频、图片，讲述作品立意 | 中华民族传统文化，文化自信、民族自豪感 | 何镜堂院士设计的中国馆渗透着中国传统文化要素，使学生坚定"民族的是世界的"，树立文化自信，增强民族自豪感 |
| | 建筑设计的基本方法 | 几何分析、轴线关系、对比关系、细节处理 | 观看贝聿铭大师的建筑设计作品"苏州博物馆"视频、图片，讲述作品立意 | 文化自信、工匠精神 | 贝聿铭大师设计的苏州博物馆通过几何形体的组合，并引入中国园林传统文化要素，彰显了文化自信与工匠精神 |
| 第五章 建筑表现 | 建筑工具制图 | 概念；常用工具；平、立、剖面的绘制 | 观看并讲解梁思成《中国建筑史》部分手绘图纸 | 文化自信、工匠精神 | 以梁思成为代表的建筑工作者，在风雨飘摇的动荡中，以自己的热情又无反顾地投入到民族解放的斗争之中，摸索着中国建筑文化的出路 |
| | 建筑钢笔画技法 | 建筑钢笔画简介；钢笔画工具；钢笔画线条子与层次；途径步骤 | 观看并讲解《营造法式》《营造则例》《营造法原》节选 | 中国传统文化、工匠精神、文化传承 | 希望清醒、真实地了解民族的历史与创造具有时代特色的本民族建筑文化 |
| | 建筑渲染技法 | 建筑渲染简介、工具、技法；渲染步骤分析；渲染技法病例分析、渲染技法的应用举例 | 水彩画家官宦建筑水彩作品欣赏 | 弘扬中国传统文化、继承老一辈精神 | 学习华宦王前辈谦逊好学、不骄包装，她的优秀作品在日本、美国、澳大利亚等国家展出，受到一致的好评，她以此宣扬我国的传统文化发扬光大 |
| | 建筑设计草图 | 建筑设计草图概述；草图表达的基本特性、构成要素及应用，绘制程序；铅笔草图基本技法 | 欣赏贝聿铭经典建筑设计草图 | 文化传承、匠人精神 | 学习身为现代主义建筑大师，贝聿铭一生始终保持着现代建筑的传统，坚信建筑不是流行风尚，不能哗众取宠，是千秋大业，对社会和历史负责的精神 |
| | 建筑模型制作 | 模型制作材料；模型制作方法简介；建筑配景制作；巧用初步模型 | 观看上海市中国模型博物馆内部装饰 | 新时代文化传承方向 | 中华优秀传统文化是中华民族的"根"和"魂"，文化传承是习近平总书记强调的重要理念 |

# 二维码目录

# 参 考 文 献

［1］曾冠生，禹庆，刘建林，谭伟. 设计理念和技艺实现——青岛邮轮母港客运中心 [J]. 建筑技艺，2016 (02): 74-83.

［2］庄子玉. 白云深处有人家 铜陵山居 [J]. 室内设计与装修，2018 (02): 90-93.

［3］周立军. 建筑设计基础 [M]. 3 版. 哈尔滨：哈尔滨工业大学出版社，2008.

［4］中华人民共和国住房和城乡建设部. 中华人民共和国国家质量监督检验检疫总局 联合发布. GB/T 50001—2017 房屋建筑制图统一标准.